刘玉东 马培培 成洪利 主编 ◄◄◄

YIXI SHENGCHAN JISHU WENDA

乙烯生产
技术问答

化学工业出版社
·北京·

本书以问答的形式对乙烯生产技术做了全面介绍。第一章和第二章介绍了乙烯生产原理、基本流程、原料性质、操作条件、设备性质等基础知识。第三章到第五章是本书的重点，讲述了裂解、压缩、分离三个工序的特点和岗位操作，总结了常见的问题及解决措施。第六章和第七章介绍了乙烯装置的分析检测、仪表、动力、安全、环保等内容。

本书借鉴中国石油吉林石化公司乙烯装置生产实际，总结了装置运行的经验，具有很强的实用性，可供乙烯生产企业的技术人员、岗位操作人员和管理人员阅读参考，同时也可作为乙烯企业的员工培训教材。

图书在版编目（CIP）数据

乙烯生产技术问答/刘玉东，马培培，成洪利主编.
北京：化学工业出版社，2014.11（2024.11 重印）
ISBN 978-7-122-21744-8

I.①乙… II.①刘…②马…③成… III.①乙烯-化
工生产-问题解答 IV.①TQ221.21-44

中国版本图书馆 CIP 数据核字（2014）第 206771 号

责任编辑：傅聪智　　　　　　　　文字编辑：林　丹
责任校对：宋　玮　　　　　　　　装帧设计：刘丽华

出版发行：化学工业出版社
　　　　　（北京市东城区青年湖南街 13 号　邮政编码 100011）
印　　装：北京虎彩文化传播有限公司
850mm×1168mm　1/32　印张 9　字数 220 千字
2024 年 11 月北京第 1 版第 2 次印刷

购书咨询：010-64518888　　　　　　售后服务：010-64518899
网　　址：http://www.cip.com.cn
凡购买本书，如有缺损质量问题，本社销售中心负责调换。

定　　价：58.00 元　　　　　　　　版权所有　违者必究

前言

乙烯装置可以说是石油化工生产的心脏，其生产能力可以反映一个国家的石油化工生产水平。乙烯装置具有流程长、设备数量多且复杂、危险性大、控制难度大等特点。随着生产规模的不断扩大，自控程度的提高，对乙烯生产操作人员的综合技术素质要求越来越高。一名合格的乙烯生产操作工应是石油化工行业操作人员中的佼佼者，能在保证装置长期、高效、安全、稳定、优化运行中发挥重要作用。

为了满足乙烯生产企业技术工人岗位培训及职业技能鉴定的需要，提高乙烯技术工人的基本素质，特编写本书。本书以问答的形式介绍了与乙烯生产相关的有机化学、化工生产设备和化工基础理论等知识；结合乙烯生产工艺实际，有针对性地对乙烯生产中裂解、压缩、深冷分离、净化和加氢单元的工艺操作及生产设备进行较为全面的阐述；并对生产管理以及安全环保等知识做了简要介绍。

本书由刘勃安组织编写，其中第一章概述由袁欣、公茂松编写，第二章乙烯生产技术基础由刘玉东、马培培、张松编写，第三章裂解工序由刘玉东、成洪利、何金龙、刘志远编写，第四章压缩工序由张殿波、马培培、董欢、李晓光编写，第五章分离工序由袁欣、姚有良、马培培编写，第六章乙烯生产的分析检验由叶海荣、张莉、王可心、许济峰编写，第七章乙烯生产的安全环保由饶东臣、关俊伟、孙东民、公茂松编写。

本书可作为我国乙烯行业职业技能鉴定学习教材，同时可作为乙烯装置操作工和技术人员平时自我学习提高的参考书。

由于编写时间及编者水平和经验有限，书中难免出现疏漏和不妥之处，恳请读者提出宝贵意见。

编　者
2014 年 4 月

目录

第三章　裂解工序 61

第一节　裂解炉的性质特点 ……………………………………… 61

第五章 分离工序   139

第六章 乙烯生产的分析检测 **177**

第一章 ▶ 概述

① 什么是乙烯？

乙烯（ethene），分子式 C_2H_4；结构简式 $CH_2\!\!=\!\!CH_2$；最简式 CH_2；相对分子质量 28.06；化学品类别为有机物-烯烃。

乙烯结构式

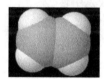

乙烯分子比例模型

乙烯是由两个碳原子和四个氢原子组成的化合物。两个碳原子之间以双键连接。乙烯有 4 个氢原子的约束，碳原子之间以双键连接。所有 6 个原子共面。H—C—C 键角 121.3°；H—C—H 键角 117.4°，接近 120°，为理想 sp^2 混成轨域。这种分子也比较僵硬：旋转 C=C 键是一个高吸热过程，需要打破 π 键，而保留 σ 键之间的碳原子。VSEPR 模型为平面矩形，立体结构也是平面矩形。双键的电子云密度较高，因而大部分反应发生在这个位置。

乙烯广泛存在于植物的各种组织、器官中，是由蛋氨酸在供氧充足的条件下转化而成的。乙烯是合成纤维、合成橡胶、合成塑料（聚乙烯及聚氯乙烯）、合成乙醇（酒精）的基本化工原料，也用于制造氯乙烯、苯乙烯、环氧乙烷、醋酸、乙醛、乙醇和炸药等，尚可用作水果和蔬菜的催熟剂，是一种已证实的植物激素。

乙烯是世界上产量最大的化学产品之一，乙烯工业是石油化工产业的核心，乙烯产品占石化产品的70%以上，在国民经济中占有重要的地位。世界上已将乙烯产量作为衡量一个国家石油化工发展水平的重要标志之一。

2 乙烯有哪些理化性质？

（1）物理性质

通常情况下，乙烯是一种无色稍有气味的气体，密度为1.25g/L，比空气的密度略小，难溶于水，易溶于四氯化碳等有机溶剂。

外观与性状：无色气体，略具烃类特有的臭味。少量乙烯具有淡淡的甜味。

吸收峰：吸收带在远紫外区。

pH：水溶液是中性。

熔点：$-169.4℃$。

沸点：$-103.9℃$。

凝固点：$-169.4℃$。

相对密度（d_4^0）：0.00126。

折射率：1.363。

饱和蒸气压：4083.40kPa（0℃）。

燃烧热：1411.0kJ/mol。

临界温度：9.2℃。

临界压力：5.04MPa。

引燃温度：425℃。

爆炸上限（体积分数）%：36.0%。

爆炸下限（体积分数）%：2.7%。

溶解性：不溶于水，微溶于乙醇、酮、苯，溶于醚。溶于四氯化碳等有机溶剂。

（2）化学性质

① 常温下极易被氧化剂氧化。如将乙烯通入酸性$KMnO_4$溶液，溶液的紫色褪去，乙烯被氧化为二氧化碳，由此可鉴别乙烯。

② 易燃烧，并放出热量，燃烧时火焰明亮，并产生黑烟。

$$CH_2{=\!\!\!=}CH_2 + 3O_2 \longrightarrow 2CO_2 + 2H_2O$$

③ 烯烃臭氧化：

$$3CH_2{=\!\!\!=}CH_2 + 2O_3 \xrightarrow{\text{在锌保护下水解}} 6HCHO$$

$$2CH_2{=\!\!\!=}CH_2 + O_2 \xrightarrow{\text{Ag、加热，酸性水解}} 2CH_3{-}CHO$$

④ 加成反应：

$$CH_2{=\!\!\!=}CH_2 + Br_2 \longrightarrow CH_2Br{-}CH_2Br(\text{常温下使溴水褪色})$$

$$CH_2{=\!\!\!=}CH_2 + HCl \xrightarrow{\text{催化剂、加热}} CH_3{-}CH_2Cl(\text{制氯乙烷})$$

$$CH_2{=\!\!\!=}CH_2 + H_2O \xrightarrow{\text{催化剂、170℃}} CH_3CH_2OH(\text{制酒精})$$

$$CH_2{=\!\!\!=}CH_2 + H_2 \xrightarrow{\text{Ni 或 Pd、加热}} CH_3CH_3$$

$$CH_2{=\!\!\!=}CH_2 + Cl_2 \longrightarrow CH_2Cl{-}CH_2Cl$$

加成反应：有机物分子中双键（或三键）两端的碳原子与其他原子或原子团直接结合生成新的化合物的反应。

⑤ 加聚反应：

$$nCH_2{=\!\!\!=}CH_2 \longrightarrow {\text{\large(}}CH_2{-}CH_2{\text{\large)}}_{\overline{n}}(\text{制备聚乙烯})$$

在一定条件下，乙烯分子中不饱和的 C$=$C 双键中的一个键断裂，分子里的碳原子互相形成很长的键，得到相对分子质量很大（几万到几十万）的聚乙烯。这种由相对分子质量较小的化合物（单体）相互结合成相对分子质量很大的化合物的反应，叫做聚合反应。这种聚合反应是由一种或多种不饱和化合物（单体）通过不饱和键相互加成而聚合成高分子化合物的反应，所以又属于加成反应，简称加聚反应。

⑥ 最简单的烯烃。少量存在于植物体内，是植物的一种代谢产物，能使植物生长减慢，促进叶落和果实成熟。

⑦ 乙烯分子里的 C$=$C 双键的键长是 1.33×10^{-10} m，乙烯分子里的 2 个碳原子和 4 个氢原子都处在同一个平面上。它们彼此之间的键角约为 120°。乙烯双键的键能是 615kJ/mol，实验测得乙烷 C$-$C 单键的键长是 1.54×10^{-10} m，键能 348kJ/mol。这表明 C$=$C 双键的键能并不是 C$-$C 单键键能的两倍，而是比两倍略少。因此，只需要较少的能量，就能使双键里的一个键断裂。这是

乙烯的性质活泼、容易发生加成反应等的原因。

3 乙烯的应用领域有哪些?

(1) 工业领域

乙烯是重要的有机化工基本原料,可用于生产多种化工产品。在合成材料方面,大量用于生产聚乙烯、氯乙烯及聚氯乙烯、乙苯、苯乙烯聚苯乙烯、乙丙橡胶等;在有机合成方面,广泛用于合成乙醇、环氧乙烷、乙二醇、乙醛、乙酸、丙醛、丙酸及其衍生物等;经卤化,可制氯代乙烯、氯代乙烷、溴代乙烷;经低聚可制 α-烯烃,进而生产高级醇、烷基苯等。

(2) 生态领域

乙烯"三重反应":抑制茎的伸长生长;促进茎和根的增粗;促进茎的横向增长。用乙烯处理黄化幼苗茎可使茎加粗和叶柄偏上生长。

由于乙烯可以促进 RNA 和蛋白质的合成,并可在高等植物体内使细胞膜的透性增加,加速呼吸作用,因而当果实中乙烯含量增加时,已合成的生长素又可被植物体内的酶或外界的光所分解,进一步促进其中有机物质的转化,加速成熟。常用乙烯利溶液浸泡未完全成熟的番茄、苹果、梨、香蕉、柿子等果实,能显著促进成熟。

乙烯也有促进器官脱落和衰老的作用。乙烯在花、叶和果实的脱落方面起着重要的作用;可促进某些植物(如瓜类)的开花与雌花分化,促进橡胶树、漆树等排出乳汁;还可诱导插枝不定根的形成,促进根的生长和分化,打破种子和芽的休眠,诱导次生物质的分泌等。

(3) 农业领域

乙烯可用于生产乙烯类植物生长调节剂,主要产品有乙烯利、乙烯硅、乙二肟、甲氯硝吡唑、脱叶膦、环己酰亚胺(放线菌酮)。目前国内外最为常用的仅是乙烯利,广泛应用于果实催熟、棉花采收前脱叶和促进棉铃开裂吐絮、刺激橡胶乳汁分泌、水稻矮化、增加瓜类雌花及促进菠萝开花等。

④ 乙烯生产方法有哪些?

(1) 实验室制法

实验室里,把酒精和浓硫酸按 1:3 混合后迅速加热到 170℃,使酒精分解制得乙烯。浓硫酸在反应过程里起催化剂和脱水剂的作用。

方程式为:$CH_3CH_2OH \xrightarrow{\text{浓 }H_2SO_4,170℃} CH_2\!\!=\!\!CH_2 + H_2O$

(2) 过热蒸汽稀释管式炉裂解法

工业上所用的乙烯,主要是从石油炼制工厂和石油化工厂所生产的气体里分离出来的。下面主要以中国石油吉林石化公司 70 万吨/年大乙烯装置为例,介绍乙烯生产中的技术问题。

裂解原料经管式裂解炉在高温下反应,生成氢气、甲烷、乙烯、丙烯等各种组分的裂解气。

① 一次反应和二次反应 烃类热裂解的过程非常复杂,分为一次反应和二次反应。一次反应是指原料烃类经裂解生成乙烯和丙烯的反应。二次反应主要是指一次反应生成的乙烯、丙烯等低级烯烃进一步发生反应生成多种产物,甚至最后结焦或生炭的反应。

烃类热裂解的一次反应主要是发生脱氢和断链反应。脱氢反应是 C—H 键断裂的反应,生成烯烃和氢气。如:

$R—CH_2—CH_3 \longrightarrow R—CH\!\!=\!\!CH_2 + H_2$(烷烃裂解通式)

断链反应是 C—C 键断裂的反应,反应产物是碳原子数少的烷烃和烯烃。

$R—CH_2—CH_2—R' \longrightarrow R—CH\!\!=\!\!CH_2 + R'H$(烷烃裂解通式)

或 $\qquad C_{m+n}H_{2(m+n)+2} \longrightarrow C_mH_{2m} + C_nH_{2n+2}$

脱氢反应和断链反应都是吸热反应,所以裂解时必须供给大量的热。在相同的裂解温度下,脱氢反应比断链反应所需的热量大,要加快脱氢反应必须采取更高温度。

环烷烃、芳香烃、烯烃等也均可发生一次反应(断链和脱氢),但均有各自不同的特点,这里不再赘述。

烃类热裂解过程的二次反应比一次反应复杂,原料烃一次反应后生成了氢,甲烷和一些低分子量的烯烃如乙烯、丙烯、丁烯、异丁烯、戊烯等。在裂解温度下，氢及甲烷很稳定，而烯烃可继续反应，主要的二次反应有：a. 反应生成的较大分子烯烃可以继续裂解生成乙烯、丙烯等小分子烯烃或二烯烃；b. 烯烃能够发生聚合、环化、缩合，最后直至转化成焦；c. 烯烃加氢和脱氢；d. 烃类分解生炭。总之，在二次反应中除了较大分子的烯烃裂解能够增产乙烯外，其余的反应都要消耗乙烯，降低乙烯收率。尤其是结焦和生炭反应，只要有结焦和生炭的条件，就能在设备表面形成固体结焦层，给正常操作带来不利影响。因此，在裂解炉的设计过程中，均采用高温、短停留时间、低烃分压和快速急冷为设计条件，以保证目的产品。

② 自由基反应机理 烃类热裂解过程甚为复杂。据研究认为烃类热裂解是自由基型连锁反应。在高温下，C—C 键发生断链，形成非常活泼的反应基团——自由基，它很容易与其他自由基分子发生反应，现以轻柴油中的链烷烃为例说明如下。

自由基连锁反应分三个阶段进行：

a. 链引发

$$R^1H \longrightarrow R^{\cdot 2} + R^{\cdot 3}$$

b. 链传递

$$R^{\cdot 2} + R^1H \longrightarrow R^2H + R^{\cdot 1}$$
$$R^{\cdot 3} + R^1H \longrightarrow R^3H + R^{\cdot 1}$$
$$R^{\cdot 1} \longrightarrow C_nH_{2n} + R^{\cdot 4}$$

c. 链终止

$$R^{\cdot 1} + R^{\cdot 4} \longrightarrow 生成物$$

首先，原料烃 R^1H 的 C—C 链在高温下断链生成两个自由基 $R^{\cdot 2}$ 和 $R^{\cdot 3}$，然后 $R^{\cdot 2}$ 和 $R^{\cdot 3}$ 与原料烃反应脱氢生成自由基 $R^{\cdot 1}$，由于 $R^{\cdot 1}$ 对热不稳定，所以 $R^{\cdot 1}$ 分解成烯烃 C_nH_{2n} 和自由基 $R^{\cdot 4}$，最后 $R^{\cdot 4}$ 和 $R^{\cdot 1}$ 反应生成稳定的生成物。因此，在高温条件下，各种烃类在这种机理的作用下，不断反应生成各种复杂产物，在合理时间控制下，可得到最佳目的产物。

（3）加氢热裂解法

当前工业上大都是用水蒸气作为稀释剂，但也可以用氢作为稀释剂。氢的作用与水蒸气不同,不仅能起降低烃分压的作用,而且能促进裂解反应。

由于氢参加反应,可以弥补氢含量低的重质裂解原料中氢的不足,使重质原料的裂解成为可能。由于氢能与结焦的前兆物质发生反应,从而抑制了结焦生炭现象。例如,氢可使反应式中结焦前兆物 $CH_2=CH^+$ 失去余价。

$$CH_2=CH^+ + H_2 \longrightarrow CH_2=CH_2 + H^+$$

这样不仅增加了乙烯,而且抑制了生炭。同样,氢还可使结焦前兆物 $C_6H_5-CH_2^+$ 失去余价。

$$C_6H_5-CH_2^+ + H_2 \longrightarrow C_6H_5-CH_3 + H^+$$

这样不仅增产了芳烃,而且抑制了结焦。

(4) 甲醇制烯烃

烯烃作为基本有机化工原料在现代石油和化学工业中具有十分重要的作用,由于近几年来石油资源的持续短缺和高油价,世界上许多石油公司都致力于开发非石油资源合成低碳烯烃的技术路线并取得一些重大进展。常见的技术有 MTO(甲醇制烯烃)和 MTP(甲醇制丙烯)。

MTO 技术主要是由甲醇转化同时生产乙烯和丙烯的技术,其工业化研究已进行了多年,国际上一些著名的石油和化学公司如美孚公司(Mobil)、巴斯夫公司(BASF)、埃克森石油公司(Exxon)、环球油品公司(UOP)、海德罗公司(Norsk Hydro)等都投入了大量资金进行研究。

MTO 技术的关键在于催化剂活性和选择性及相应的工艺流程设计,其研究工作主要集中在催化剂的筛选和制备。

(5) 催化裂解制乙烯

烃类管式炉蒸汽热裂解制烯烃是生产低级烯烃的主要方法。自 20 世纪 60 年代以来,管式炉炉型发展很快,世界上主要的乙烯公司开发了各种新炉型。新炉型总的发展趋势是高温、短停留时间、低烃分压、高裂解选择性。乙烯装置大型化,有利于降低造价,降低能耗,优化控制。

近几年来,蒸汽管式热裂解制乙烯技术由于采用更苛刻的工艺条件和改善工艺设备使之更加完善。进一步改进的潜力实际上已经很小，因为热裂解制烯烃是大量消耗能源的过程，提高热裂解过程的选择性及其经济效益受到限制，如受到使用耐高温裂解管材料等局限。改进裂解过程的最有前途的方法是采用非均相催化剂的催化裂解制烯烃。催化裂解有利于提高裂解深度和选择性，并且在比蒸汽热裂解条件更缓和的条件下可获得较高的烯烃收率，降低能耗。催化裂解制烯烃的目的在于：

① 提高生产目的烯烃的选择性以减少原料的消耗；

② 降低裂解反应温度，从而降低烯烃生产的能耗；

③ 增加裂解反应的产品分布灵活性，同时提高乙烯和丙烯的收率；

④ 减少结焦，延长装置稳定运行时间。

（6）生物乙醇制乙烯技术

随着全球性的石油资源供求关系的日益紧张，传统的石油制乙烯工业将面临新的挑战。如何突破资源短缺的瓶颈，利用可再生的生物质资源生产乙醇，再进一步脱水成乙烯，从而替代传统的石油制乙烯路线成为当前的研究热点。

生物乙烯以大宗可再生生物质为原料，通过微生物发酵得到乙醇，进而在催化剂作用下脱水生产乙烯。20 世纪 60 年代，巴西、中国、巴基斯坦和秘鲁等国家相继建立了乙醇脱水制乙烯的工业装置。20 世纪 70 年代，世界能源危机，石油价格高涨，乙醇生产乙烯的路线再次受到各国重视，虽然后来由石油烃类热裂解生产乙烯的工艺几乎成为乙烯的全部来源，但对乙醇脱水制乙烯的研究一直没有放弃。

5 生产乙烯的分离流程有哪些？各有何特点？

（1）顺序分离流程

采用顺序分离流程的公司有鲁姆斯公司和 KBR 公司，前者采用低压脱甲烷流程，后者采用高压脱甲烷流程。它们最新流程的技术特点如下。

① 鲁姆斯公司顺序分离流程技术特点：

a. 采用 SRT-Ⅵ型裂解炉;

b. 五段裂解气压缩,三段出口碱洗;

c. 顺序分离前端低压脱甲烷;

d. 后端加氢;

e. 双塔双压脱丙烷;

f. 丙炔加氢采用催化精馏;

g. 低压丙烯精馏,并与丙烯制冷机形成热泵。

② KBR 公司顺序分离流程技术特点:

a. 采用毫秒炉;

b. 五段裂解气压缩,四段出口碱洗;

c. 顺序分离前端高压脱甲烷;

d. 后端加氢;

e. 裂解气压缩机段间采用特殊结构的一体化的段间换热器和吸入罐。

(2) 前端脱乙烷流程

采用前端脱乙烷流程的公司有德国林德公司和美国 KBR 公司。前者对液体原料也采用前端脱乙烷流程,而后者则只在裂解乙烷时采用。

① 林德公司前端脱乙烷流程的技术特点:

a. 采用 Pyrocrack 1-1 型或 Pyrocrack 2-2 型裂解炉;

b. 前端乙炔等温加氢,前端脱乙烷;

c. 双塔双压脱乙烷;

d. 裂解气五段压缩,四段出口碱洗;

e. 乙烯塔单股进料并和乙烯制冷机形成开式热泵。

② KBR 公司前端脱乙烷流程的技术特点:

a. 前端热泵式脱乙烷,前端乙炔、丙炔绝热加氢;

b. 低压脱甲烷;

c. 低压乙烯精馏并与乙烯机形成开式热泵;

d. 投资低;

e. 裂解气四段压缩。

(3) 前脱丙烷流程

采用前脱丙烷流程的公司目前有美国斯通-韦伯斯特公司及KBR公司。

① 斯通-韦伯斯特公司前脱丙烷流程技术特点：

a. 采用 USC 型裂解炉；

b. 前端双塔双压脱丙烷、前端乙炔加氢；

c. 裂解气五段压缩、四段出口碱洗；

d. 采用 ARS 技术和预脱甲烷塔；

e. 低压乙烯精馏、多股进料，乙烯精馏与乙烯制冷机形成开式热泵。

② KBR 公司前脱丙烷流程技术特点：

a. 采用 KTI 公司的 GK-V 型裂解炉；

b. 前端双塔双压脱丙烷，前端乙炔、丙炔加氢；

c. 裂解气四段压缩、三段出口碱洗；

d. 乙烯低压精馏并与乙烯制冷机形成开式热泵；

e. 低投资。

（4）渐进分离流程（Topkin）

渐进分离流程也是顺序分离流程的一种，德西尼布公司采用此技术，其特点如下：

① 采用 KTI 公司的 GK-V 型裂解炉；

② 中压双塔脱甲烷；

③ 双塔脱丙烷。

6 乙烯主要生产工序都有哪些？

下面以吉林石化公司乙烯装置为例加以说明。

（1）装置概况

吉林石化公司乙烯厂乙烯装置采用林德公司的工艺技术，由韩国三星工程公司负责工程总承包，吉林化建承建，乙烯设计生产能力 30 万吨/年，主体装置占地面积 5.32 公顷，总投资（包括动力锅炉部分）为 32.9 亿元。乙烯装置 1993 年 11 月破土动工，1996年 9 月 16 日一次化工投料开车成功。1996 年 9 月建成投产，并在2001 年进行了一期挖潜改造，增加一台乙烷炉，使乙烯装置生产能力在年操作 8000h 的条件下，可产乙烯 38 万吨，丙烯 18 万吨。

2004 年开始二期改造，扩建仍然采用林德公司的工艺技术，改造方式采取"亦单则单、亦并则并"原则的乙烯生产流程，流程中既有并行流程又有原装置内部结构改造，并与上海惠生公司签订了裂解炉改造合同，改造后原 1#～6# 裂解炉的乙烯生产能力由 6 万吨/年提高到 8.4 万吨/年，新增 8#、9# 两台 12 万吨/年裂解炉。2007 年 11 月又新增 10# 一台 12 万吨/年裂解炉，大大提高了裂解炉的备用系数。扩建改造后装置生产规模扩大至 60 万吨/年（生产能力 70 万吨/年），年操作时间为 8000h，操作弹性 50%～105%。乙烯装置原有生产单元 41 个，设备 530 台，改造后新增单元 22 个，设备 294 台。

装置采用技术：本装置生产工艺采用德国林德公司专利技术，其中裂解原料柴油脱砷工艺，C_3 液相加氢工艺、碳五加氢工艺以及裂解汽油二段加氢工艺采用法国石油科学研究院（IFP）的专利技术，汽油一段加氢采用英国 ICI 技术，该装置生产工艺技术先进，原料适应性强，灵活性高，操作强性大，产品收率高，能耗低，污染物排放少。

工艺流程简述：本装置以轻柴油（AGO）、加氢轻石脑油（HLN）、乙烯尾油（HGO）、液化石油气（LPG）及外购石脑油（NAP）等为原料，新增的 8#、9#、10# 裂解炉只能以石脑油和循环乙烷为裂解原料、裂解气压缩机壳体注水及低阻降段间冷却器、双塔双压前脱乙烷流程、甲烷化和变压吸附法联合使用提纯氢气、溶剂吸收法生产高纯度乙炔、部分乙烯中的乙炔通过碳二加氢方式转化为乙烯、开式热泵方式循环乙烯和集散控制系统监控等先进生产技术和工艺控制手段，经过裂解、急冷、压缩、分离、汽油加氢及碳五加氢等工序，完成整个生产过程。主要生产聚合级乙烯、聚合级丙烯、化学级丙烯及氢气、乙炔、甲烷、裂解碳四、混合苯等 20 多种化工原料、成品和半成品供给下游 15 套生产装置及用户。

（2）工序简述

原料烃类经过裂解制得裂解气，裂解气的组成相当复杂，约有上百种组分。其中既包含有用的组分，也含有一些有害物质。裂解气的净化分离任务就是除去裂解气中有害杂质，分离出单一烯烃产品或烃的馏分，为基本有机化工工业和高分子化学工业等提供合格的原料。

裂解气经急冷、压缩、碱洗、干燥、精馏、分离、加氢精制等工序生产出合格产品聚合级乙烯、丙烯、化学级丙烯及其他副产品。

本装置工艺采用前端脱乙烷、高压脱甲烷前冷分离流程，在分离工艺中，采用 ARU（溶剂吸收法）生产部分高纯度的乙炔、甲烷化法和 PSA（变压吸附）法联合使用生产高纯度的 H_2 产品。

① 裂解气的压缩　裂解气中许多组分在常压下都是气体，其沸点很低，如果在常压下进行各组分的冷凝分离，则所需的分离温度很低，需要大量冷量。为了使分离温度不太低，可以适当提高分离压力。本套装置采用高压深冷分离工艺，所需的分离操作压力，由离心式裂解气压缩机 C3101 实现使裂解气由 0.13MPa 升压至 3.6MPa。

本装置在裂解气升压过程中采用五段压缩，段与段间设置冷却器，并采用"逆闪"工艺及压缩机壳体注水技术，来降低压缩机功耗，避免聚合物生成并沉积在压缩机扩压器和叶片上。具体如下：

利用锅炉提供的高压锅炉给水直接将水注入到裂解气压缩机 C3101 的前四段和第五段的壳体内，不但避免聚合物的生成及在叶轮和扩压器内结垢，而且使吸入温度明显降低，使得压缩机功耗也得以降低。

逆闪：裂解气压缩机 C3101 的第Ⅲ、Ⅳ段吸入罐和第Ⅳ段排出罐中的烃和水蒸气凝液依次闪蒸至前一段吸入罐中，从而使前一段裂解气吸入温度得以降低。

五段压缩：采用五段压缩的好处是，可以降低压缩比，实现段间冷却降低吸入温度，从而降低压缩功耗，而且可以在段间实现裂解气的净化。

Ⅰ、Ⅱ段间冷却器采用低阻力降换热器。

② 酸性气体的脱除　裂解气中的酸性气体主要有 H_2S、CO_2，

此外，还有少量有机硫化物，如 COS、CS_2、RSR′、RSH 等。硫化物会给后序分离装置带来严重的损坏，引起管道和设备腐蚀，缩短分子筛寿命。硫化物和 CO 还会使加氢催化剂中毒，CO_2 在深冷中结成干冰，堵塞管道和设备，因此必须除去这些有害杂质。

本装置采用碱洗法，即用苛性钠溶液（NaOH）洗涤裂解气，在洗涤过程中，NaOH 和裂解气中的酸性气体发生化学反应，生成的硫化物和碳酸盐溶于废碱中，从而除去这些酸性气体，可以除净到每升几毫克以下。

主要反应方程式如下：

$$H_2S+2NaOH \longrightarrow Na_2S+2H_2O$$
$$COS+2NaOH \longrightarrow NaSCOONa+H_2O$$
$$CO_2+2NaOH \longrightarrow Na_2CO_3+H_2O$$
$$SO_2+2NaOH \longrightarrow Na_2SO_3+H_2O$$
$$H_2S+NaOH \longrightarrow NaHS+H_2O$$
$$NaSCOONa+2NaOH \longrightarrow Na_2CO_3+Na_2S+H_2O$$

上述反应是在碱洗塔 T3501 中完成的。裂解气从 T3501 中底部进入，由塔顶排出。T3501 分三段，下段碱浓度为 2% 左右，中段碱浓度为 6% 左右，上段采用水洗，以除去裂解气体中夹带的碱。

主要反应方程式如下：

$$2Na_2S+2O_2+H_2O \longrightarrow Na_2S_2O_3+2NaOH$$

③ 脱水 裂解气中含有一定量的水分，因此在裂解气进入低温系统前要进行干燥脱水。否则，水将形成烃类水合物，结冰，严重堵塞管道和设备，使生产无法进行。

本装置采用 3A 分子筛作干燥剂。分子筛在温度低时，吸附能力较强，吸附容量较高，随着温度升高吸附能力变弱，吸附容量降低。因此，分子筛在常温或略低于常温下可使裂解气深度干燥。分子筛在吸附水后，可用加热的方法，使分子筛吸附的水分脱附出来，达到再生的目的。为了促进脱附，可用干燥的 N_2 或脱甲烷塔顶的甲烷气加热至 200～250℃ 作为分子筛的再生载气，使分子筛中所吸附的水分脱附后带出。

④ 炔烃的脱除 本装置采用三种方法除去裂解气中的炔烃。

采用溶剂吸收法，除去部分 C_2 馏分中的乙炔，采用碳二加氢法除去部分 C_2 馏分中的乙炔，亦可采用碳二加氢法全部除去 C_2 馏分中的乙炔，采用液相加氢法除去甲基乙炔、丙二烯。

a. 溶剂吸收法。乙炔吸收是通过选择性吸附剂 DMF（二甲基甲酰胺）将 C_2 馏分中的少量乙炔选择性地吸附到溶剂中，从而实现乙烯的净化，同时副产乙炔。

乙炔是一个电负性很强的化合物，当乙炔溶解到溶剂中时，乙炔和溶剂分子以氢键的方式结合起来，实现乙炔溶解于溶剂中的目的。DMF 是一种高沸点溶剂，它在常压沸点下容易分解，所以解吸操作在低压条件下进行。

b. LINDE 乙炔前加氢技术。其技术核心是在管式反应器内进行的等温反应。

在前加氢工艺技术中，反应在氢气含量为 $19\%\sim29\%$（体积分数）的情况下发生，这就意味着，所有乙炔分子被过量的氢气分子包围着，减少了低聚反应，同时，等温控制避免乙炔与氢气的过量反应，使得乙炔转化为乙烯的选择性很高。

LINDE 的等温前加氢反应器不产生绿油，众所周知，在后加氢中产生有难闻气味的绿油是不可避免的。正是由于这一特性，LINDE 的等温前加氢催化剂没有重物质的附着，有较长的活性周期；反应器出口物流中的乙炔含量低于 $1\mu g/g$，确保了乙烯产品的质量。

催化剂活性期内，平均乙烯收率约为转化乙炔的 60%。催化剂再生周期超过 5 年。

乙炔前加氢反应的物料为氢气和 C_2 馏分，所以不需要来自甲烷化单元或 PSA 单元的纯氢气。因此，当脱乙烷塔塔顶物料合格时本单元就可以开车，保证了整个装置的开车进度。

反应机理如下：

$$C_2H_2 + H_2 \longrightarrow C_2H_4$$

$$C_2H_2 + 2H_2 \longrightarrow C_2H_6$$

乙炔前加氢技术的主要特点为：不需要补充纯氢气，开车速度快；无绿油产生；催化剂再生周期达 5 年以上；乙炔转化为乙烯的转化率大于 50％；不需增设额外的精制系统；固有的安全系统。

c. C_3 液相加氢。脱丙烷塔塔顶的 C_3 馏分中含有甲基乙炔（MA）、丙二烯（PD）。本装置采用液相加氢工艺，在 C_3 加氢反应器内将甲基乙炔和丙二烯（MAPD）选择性加氢生成丙烯。其反应方程式如下。

主反应：

$$CH_3-C\equiv CH(MA)+H_2 \xrightarrow{\text{Pd,入口温度 7℃}} CH_3-CH=CH_2$$

$$CH_3-C\equiv CH(PD)+H_2 \xrightarrow{\text{Pd,入口温度 7℃}} CH_3-CH=CH_2$$

副反应：

$$CH_3-CH=CH_2+H_2 \longrightarrow CH_3CH_2CH_3$$

$$nCH_2=CH=CH_2 \longrightarrow 聚合物$$

$$nCH_3-CH\equiv CH \longrightarrow 聚合物$$

⑤ 脱一氧化碳

a. 变压吸附法（PSA）　在深冷系统中分离出的 H_2 中除含有 CH_4 外，还含有 CO 等杂质，其中 CO 会使催化剂中毒。本装置采用变压吸附法（PSA）和甲烷化法除去 CO、变压吸附法（PSA）除去 CH_4 等杂质。

变压吸附法（PSA）是根据 H_2 与 CO、CH_4 等杂质分子极性的不同，利用吸附作用，在较高的压力下，将极性较高的杂质吸附而获得高纯度氢气的过程。

变压吸附属于物理吸附，它是由吸附及再生两个基本步骤反复运转来实现的。PSA 单元由六台吸附床组成，利用固定程序控制使六台吸附床，在任何时间里，均有两个床在吸附，另外一个床处于再生的不同阶段。

进料粗氢（纯度 80％）由吸附床底部向上流动，H_2O、CO、CH_4 等杂质被选择性吸附下来，在吸附床出口可得到高纯度氢气（99.9％）。而杂质尾气在吸附床再生阶段排入燃料气系统。

b. 甲烷化法脱一氧化碳　纯度为 93％ 的氢气在装置的低温区产生。为最大化地从乙烯装置回收氢气，氢气在新的甲烷化单元内处理。在甲烷化后的氢气，一部分在 PSA 内进一步提纯，另一部分被分别输送出界区。PSA 氢气一部分用于装置内 C_3 加氢及汽油加氢单元，另一部分被送出界区。

被加热的氢气馏分通过反应器，CO 被转化为甲烷和水。

$$CO + 3H_2 \longrightarrow CH_4 + H_2O$$

⑥ 裂解汽油加氢　裂解汽油的组成主要为 $C_6 \sim C_9$ 馏分，同时含少量的 C_5。其中所含苯、甲苯、二甲苯等馏分，是合成纤维的主要原料。裂解汽油中含有的烯烃及氧、氯、氮、硫化合物等杂质，必须在进入芳烃抽提装置之前除去。以防芳烃加氢过程中产生胶质、聚合物，并保证产品质量。

汽油加氢的工艺过程，首先经一段加氢反应器进行全组分（$C_6 \sim C_9$）加氢，使其中的双烯烃变成单烯烃之后，脱除 C_9 以上馏分，将 $C_6 \sim C_8$ 馏分在二段加氢反应器内进行二段加氢，使单烯烃饱和。同时，将含氧、氮、硫、氯的化合物转变为水、氨、硫化氢、氯化氢等。反应式如下。

一段加氢（低温液相选择加氢）：

$$C_n H_{2n-2} + H_2 \longrightarrow C_n H_{2n}$$
$$C_n H_{2n-2} + 2H_2 \longrightarrow C_n H_{2n+2}$$
$$C_n H_{2n} + H_2 \longrightarrow C_n H_{2n+2}$$

二段加氢（高温气相选择加氢）：

a. 单烯烃加氢：

$$C_n H_{2n} + H_2 \longrightarrow C_n H_{2n+2}$$

b. 脱硫：

硫醇加氢　$RSH + H_2 \longrightarrow RH + H_2S$

硫醚加氢　$RSR' + H_2 \longrightarrow R'SH + RH$

$R'SH + H_2 \longrightarrow R'H + H_2S$

二硫化物加氢　$RSSR + 3H_2 \longrightarrow 2RSH + 2H_2 \longrightarrow 2RH + 2H_2S$

c. 脱氧

苯酚加氢　$2\ \underset{}{\overset{OH}{\bigcirc}} + H_2 \longrightarrow 2\ \bigcirc + 2H_2O$

过氧化物加氢　$R—COOH + 3H_2 \longrightarrow R—CH_3 + 2H_2O$

d. 脱氮

吡咯加氢　[结构式] $+ H_2 \longrightarrow$ [结构式] $\xrightarrow{H_2} C_4H_9NH_2 \xrightarrow{H_2} C_4H_{10} + NH_3$

吡啶加氢　[结构式] $+ H_2 \longrightarrow$ [结构式] $\xrightarrow{H_2} CH_3(CH_2)_4NH_2 \xrightarrow{H_2} C_5H_{12} + NH_3$

e. 脱氯

$CH_3CH_2CH_2CH_2Cl + H_2 \longrightarrow CH_3(CH_2)_2CH_3 + HCl$

同时在加氢过程中，还可能伴有烷、烯烃的芳构化烷、基芳烃脱烷基、非芳烃加氢裂解，以及芳烃缩合等反应发生。

第二章 ▶ 乙烯生产技术基础

第一节 原料的性质

1 什么是不饱和烃？

不饱和烃是分子结构中碳原子间有双键或三键的开链烃和脂环烃。与相同碳原子数的饱和烃相比，分子中氢原子要少。烯烃（如乙烯、丙烯）、炔烃（如乙炔）、环烯烃（如环戊烯）都属于不饱和烃。不饱和烃几乎不存在于原油和天然气中，而存在于石油二次加工产品中。

2 原料油特性因数 K 值有什么含义？K 值的高低说明什么？

特性因数 K 常用以划分石油和石油馏分的化学组成，在评价原料的质量上被普遍使用。它由密度和平均沸点计算得到，也可以从计算特性因数的诺谟图求出。K 值有 UOP K 值和 Watson K 值两种。特性因数是一种说明原料石蜡烃含量的指标。K 值高，原料的石蜡烃含量高；K 值低，原料的石蜡烃含量低。但它在芳香烃和环烷烃之间则不能区分开。K 的平均值，烷烃约为 13，环烷烃约为 11.5，芳烃约为 10.5。特性因数 K 大于 12.1 为石蜡基原油，K 在 11.5～12.1 为中间基原油，K 在 10.5～11.5 为环烷基原油。另外，非通用的分类法还有沥青基原油，K 小于 11.5；含芳香烃较多的芳香烃基原油。后两种原油在通用方法中均属于环烷基原油。

原料特性因数 K 值的高低，最能说明该原料的生焦倾向和裂化性能。原料的 K 值越高，它就越易于进行裂化反应，而且生焦倾向也越小；反之，原料的 K 值越低，它就难以进行裂化反应，而且生焦倾向也越大。

3 什么是油品的相对密度和密度？有何意义？

物质的密度是该物质单位体积的质量，以符号 ρ 表示，单位为 kg/m^3。

液体油品的相对密度为其密度与规定温度下水的密度之比，无因次单位，常以 d 表示。我国以油品在 20℃ 时的单位体积质量与同体积的水在 4℃ 时的质量之比作为油品的标准相对密度，以 d_4^{20} 表示。

由于油品的实际温度并不正好是 20℃，所以需将任意温度下测定的相对密度换算成 20℃ 的标准相对密度。

换算公式： $$d_4^{20}=d_4+r(t-20)$$

式中，r 为温度校正值。

欧美各国，油品的相对密度通常用 API 度表示。可利用专用换算表，将 API 度换算成 $d_{15.6}^{15.6}$，再换算成 d_4^{20}，也可反过来查，将 d_4^{20} 换算成 API 度。

油品的相对密度取决于组成它的烃类分子大小和分子结构，油品相对密度反映了油品的轻重。馏分组成相同，相对密度大，环烷烃、芳烃含量多；相对密度小，烷烃含量较多。同一种原油的馏分，密度大，说明该馏分沸点高、分子量大。

4 什么是石油产品的灰分？

油品在规定条件下灼烧后，所剩的不燃物质，称为灰分，以百分数表示。此种不燃物质是油品中的矿物质，主要是环烷酸的钙盐、镁盐、钠盐等形成的。重油中此种碱金属的含量占灰分总量的 20%～30%。

5 什么是油品的黏度？有何意义？与温度压力的关系如何？什么是油品的黏温性质？

液体受外力作用时，分子间产生内摩擦力。分子间的内摩擦阻力越大，则黏度也越大。黏度是评定油品流动性的指标，是油品尤其是润滑油的重要质量指标。润滑油必须具有适当的黏度，若黏度过大，则流动性差，不能在机器启动时迅速流到各摩擦点去，使之得不到润滑；黏度过小，则不能保证润滑效果，容易造成机件干摩擦。对于油品来说，黏度合适，则喷射的油滴小而均匀，燃烧完全。黏度的表示方法很多，可归纳分为绝对黏度和条件黏度两类。绝对黏度分动力黏度和运动黏度两种。

动力黏度的单位为 Pa·s，其物理意义为：面积各为 $1m^2$ 并相距 $1m$ 的两层液体，以 $1m/s$ 的速度作相对运动时所产生的内摩擦力，旧用单位是 P（泊）和 cP（厘泊），换算关系为 $1Pa·s=10P=1000cP$。

运动黏度是液体的动力黏度 η 与同温度下密度 ρ 之比，在温度 $t(℃)$ 时，运动黏度以符号 ν_1 表示。运动黏度的单位是 m^2/s，旧用 mm^2/s 和 cSt（厘斯），换算关系为 $1mm^2/s=1cSt$。石油产品的规格中，大都采用运动黏度，润滑油的牌号很多是根据其运动黏度的大小来规定的。

条件黏度有恩氏黏度、赛氏通用黏度、赛氏重油黏度、雷氏 1 号黏度、雷氏 2 号黏度等几种，在欧美各国比较通用。

油品在流动和输送过程中，黏度对流量和阻力降有很大的影响。黏度是一种随温度而变化的物理参数，温度升高则黏度变小。温度升高时，油品的黏度减小，而温度降低时，黏度则增大。油品这种黏度随温度变化的性质称为黏温性质。有的油品的黏度随温度变化小，有的则变化大，随温度变化小的油品黏温性能就好。油品的黏温性质常用的有两种表示法：一种是黏度比，即油品在两个不同温度下的运动黏度的比值；另一种是黏度指数。通常压力小于 40atm（$1atm=101325Pa$）时，压力对黏度影响可忽略，但在高压下，黏度随压力升高而急剧增大。特别要说明的是，油品混合物的黏度是没有可加性的。

6 **什么是油品的沸点、初馏点、干点和馏程？有何意义？**

对于纯物质，在一定的外压下，当加热到某一温度时，其饱和蒸气压等于外界压力，此时气液界面和液体内部同时出现汽化现象，这一温度即称为沸点。对于一种纯的化合物，在一定的外压条件下，都有它自己的沸点，例如纯水在 1 个标准大气压力下，它的沸点是 100℃。油品与纯化合物不同，它是复杂的混合物，因而其沸点表现为一段连续的沸点范围，简称沸程。

初馏点和干点是表示油品馏分组成的两个重要指标，其中初馏点是表示油品在馏程实验测定时馏出第一滴凝液时的温度；干点是表示馏出最后一滴凝液时的温度。在规定的条件下蒸馏切割出来的油品，是以初馏点到终馏点（或干点）的温度范围，称为馏程（即"沸程"）来表示其规格的（注：一般使用终馏点而不使用干点，对于特殊用途的石脑油，如涂料工业用石脑油，可以报告干点。当某些样品的终馏点的精密度总是不能符合精密度规定时，也可以用干点代替终馏点）。

我们可以从馏程数据来判断油品轻重馏分所占的比例及蒸发性能的好坏。

初馏点和 10％馏出温度的高低将影响发动机的启动性能。过高则冷车不易启动，过低则易形成"气阻"而中断油路（特别是夏季）。50％馏出温度的高低将影响发动机的加速性能。

7 **什么是残留百分数？**

待经过干点的测定后，待烧瓶冷却后，将其内容物倒入 5mL 量筒中，并且将烧瓶悬垂在 5mL 量筒上，让蒸馏烧瓶排油，直至观察到 5mL 量筒的体积没有增加为止。测得的体积为残留体积，以百分数表示或者以毫升表示。

8 **什么是油品的闪点？有何意义？**

闪点是在规定试验条件下，加热油品时逸出的蒸汽和空气组成的混合物与火焰接触发生瞬间闪火时的最低温度，单位℃。

根据测定方法和仪器的不同，分开口（杯）和闭口（杯）两种测定方法，前者用以测定重质油品，后者用以测定轻质油品。

闪点常用来划定油品的危险等级，例如闪点在 45℃以上称为可燃品，45℃以下称为易燃品。汽油的闪点相当于爆炸上限温度，煤柴油等的闪点相当于爆炸下限浓度的油温。闪点与油品蒸发性有关，与油品的10％馏出点温度关联极好。

⑨ 什么是油品的燃点？什么是油品的自燃点？

燃点是油品在规定条件下加热到能被外部火源引燃并连续燃烧不少于5s时的最低温度。

油品在加热时，不需外部火源引燃，而自身能发生剧烈的氧化产生自行燃烧，能发生自燃的最低油温称为自燃点。

油品愈轻，其闪点和燃点愈低，而自燃点愈高。烷烃比芳香烃易自燃。

⑩ 什么是油品的浊点、冰点、倾点和凝点？

浊点是指油品在试验条件下，开始出现烃类的微晶粒或水雾而使油品呈现浑浊时的最高温度。油品出现浊点后，继续冷却，直到油中呈现出肉眼能看得见的晶体，此时的温度就是油品的结晶点，俗称冰点。倾点是指石油产品在冷却过程中能从标准形式的容器中流出的最低温度。凝点是指油品在规定的仪器中，按一定的试验条件测得油品失去流动性（试管倾斜45°，经1min后，肉眼看不到油面有所移动）时的温度。凝点的实质是油品低温下黏度增大，形成无定形的玻璃状物质而失去流动性或含蜡的油品蜡大量结晶，连接成网状结构，结晶骨架把液态的油包在其中，使其失去流动性。同一油品的浊点要高于冰点，冰点高于凝点。

浊点和结晶点高，说明燃料的低温性较差，在较高温度下就会析出结晶，堵塞过滤器，妨碍甚至中断供油。因此，航空汽油和航空煤油规格对浊点和结晶点均有严格规定。

⑪ 什么是油品的酸度和酸值？

酸度是指中和100mL试油所需的氢氧化钾毫克数（mgKOH/100mL），该值一般适用于轻质油品；酸值是指中和1g试油所需的氢氧化钾毫克数（mgKOH/g），该值一般适用于重质油品。测试方法是用沸腾的乙醇抽出试油中的酸性成分，然后再用氢氧化钾乙醇溶液进行滴定。根据氢氧化钾乙醇溶液的消耗量，算出油品的酸度或酸值。

12 什么是石油产品碘值？其数值的大小说明什么问题？

100g 石油所能吸收碘的克数，称为石油产品的碘值。碘值是表示油品安定性的指标之一。从测得碘值的大小可以说明油品中的不饱和烃含量的多少。石油产品中的不饱和烃愈多，碘值就愈高，油品安定性也愈差。

13 什么是溴价？油品的溴价代表什么？

将一定量的油品用溴酸钾-溴化钾标准滴定溶液滴定，滴定完成时每 100g 油品所消耗的溴的克数表示溴价。溴价越高，代表油品中不饱和烃含量越高。

14 什么是 BMCI 值？

BMCI 值也称芳烃指数，是依据油品的馏程和密度两个基本性质建立起来的关联指标，数值表示油品芳烃含量的多少，数值高表示芳烃含量高。它的基础是以正己烷的 BMCI 值为 0，苯的 BMCI 值为 100。计算公式为：

$$BMCI = \frac{48640}{t_\text{体} + 273} + 473.7 \times d_{15.6}^{15.6} - 456.8$$

式中，$t_\text{体}$ 对于单一的烃为沸点，对混合烃为体积平均沸点，$d_{15.6}^{15.6}$ 为相对密度。

要求乙烯尾油 BMCI 值不能超过 20，一般以小于 10 为佳。反应深度越大，BMCI 值越低，乙烯收率越高。

15 什么是汽油辛烷值？

汽油辛烷值是汽油在稀混合气情况下抗爆性的表示单位。在数值上等于在规定条件下，与试样抗爆性相同的标准燃料中所含异辛烷的体积百分数。

辛烷值的测定是在专门设计的可变压缩比的单缸试验机中进行的。标准燃料由异辛烷（2,2,4-三甲基戊烷）和正庚烷的混合物组成。异辛烷用作抗爆性优良的标准，辛烷值定为 100；正庚烷用作抗爆性低劣的标准，辛烷值定为 0。将这两种烃按不同体积比例混合，可配制成辛烷值由 0 到 100 的标准燃料。混合物中异辛烷的体积百分数愈高，它的抗爆性能也愈好。在辛烷值试验机中测定试样的辛烷值时，提高压缩比到出现标准爆燃强度为止，然后保持压缩比不变，选择某一成分的标准燃料在同一试验条件下进行测定，使发动机产生同样强度的爆燃。当确定所取标准燃料的抗爆性与未知辛烷值试油的抗爆性相同时，所选择的标准燃料如恰好是由 70％异辛烷和 30％正庚烷（体积百分数）组成的，则可评定出此试油的辛烷值等于 70。

16 什么是油品的平均沸点？平均沸点有几种表示方法？

石油及其产品是复杂的混合物，在一定压力下，其沸点不是一个温度，而是一个温度范围。在加热过程中，低沸点的轻组分首先汽化，随着温度的升高，较重组分才依次汽化。因此要用平均沸点的概念说明。

平均沸点有几种不用表示方法：①体积平均沸点，是恩氏蒸馏 10％、30％、50％、70％、90％五个馏出温度的算术平均值，用于求定其他物理常数；②分子平均沸点（实分子平均沸点），是各组分的分子百分数与各自沸点的乘积之和，用于求定平均分子量；③质量平均沸点，是各组分的质量百分数与各自馏出温度的乘积之和；④立方平均沸点，是各组分体积百分数与各自沸点立方根乘积之和的立方，用于求定油品的特性因数和运动黏度等；⑤中平均沸点，是分子平均沸点和立方平均沸点的算术平均值，用于求定油的氢含量、燃烧热和平均分子量等。除体积平均沸点可直接用恩氏蒸馏数据求得外，其他平均沸点通常都由体积平均沸点查图求出。

17 什么是临界状态？什么是临界温度和临界压力？

临界状态指物质的气态和液态平衡共存时的一个边缘状态，这时液体密度和饱和蒸气密度相同，因而它们的界面消失，这种状态只能在临界温度和临界压力下实现。

临界温度是物质处于临界状态时的温度，对纯组分来说，也就是气体加压液化时所允许的最高温度（如氧是 $-118.8℃$，氨是 $132.4℃$），超过此温度，不管压力再提高多少，也不能使气体液化，只能使其受到高度压缩。而对于多组分混合物，其液化或汽化温度即露点或泡点随压力不断提高而升高，两者温度差逐渐缩小，最后交于一点，称临界点，相应于这点的温度和压力，就是多组分混合物的临界温度和临界压力。

18 **反映油品热性质的物理量有哪些？**

反映油品热性质的物理量主要是指热焓、比热容、汽化潜热。

油品的热焓是指 1kg 油品在基准状态（1 个大气压下的基准温度）下加热到某一温度、某一压力时所需的热量（其中包括发生相变的热量）。压力变化对液相油品的焓值的影响很小，可以忽略；而压力对气相油品的焓值却影响很大，必须考虑压力变化影响因素，同一温度下，密度小及特性因数大的油品，其焓值相对也高。焓值单位以 kJ/kg 表示。

比热容是指单位物质（按质量或物质的量计）温度升高 1℃ 所需的热量，单位是 kJ/(kg·℃) 或 kJ/(mol·℃)。液体油品的比热容低于水的比热容，油气的比热容也低于水蒸气的比热容。

汽化潜热又称蒸发潜热，它是指单位物质在一定温度下由液态转化为气态所需的热量，单位以 kJ/kg 表示。当温度和压力升高时，汽化潜热逐渐减少，到临界点时，汽化潜热等于零。

19 **按特性因数原油如何分类？**

按特性因数（K）大小，原油分为三类：

特性因数 K 大于 12.1　　　　　石蜡基原油
特性因数 K 为 11.5～12.1　　　中间基原油
特性因数 K 为 10.5～11.5　　　环烷基原油

石蜡基原油烷烃含量一般超过 50%，其特点是密度小，凝固点高，硫和胶质含量低。环烷基原油一般密度大，凝固点低。中间基原油的性质则介于上述二者之间。

20 什么是烷烃？表示方法是怎样的？

分子中各个碳原子以单键连接成链状，而每个碳原子余下的化合价都与氢原子相连接，这类化合物叫烷烃。

烷烃包括一系列性质相近的化合物，随着烷烃分子中含碳原子数目增加，它们的性质呈规律性变化，相邻的烷烃分子组成上仅差一个—CH_2—原子团，因此这一类烃的通式可以用 C_nH_{2n+2}（$n=$ 1，2，3，4…）来表示。分子结构式中没有支链的习惯上叫作正构烷烃，带有支链的叫作异构烷烃。对于正构烷烃，凡分子中碳原子数在 10 个以上的用甲、乙、丙、丁、戊、己、庚、辛、壬、癸表示。碳原子数在 10 个以上的则用数字来表示。

21 什么是烯烃？它的表示方法如何？

分子结构式中含有一个双键的烃叫烯烃，分子通式为 C_nH_{2n}。含有两个双键的叫二烯烃，分子通式为 C_nH_{2n-2}。

第二节　生产过程影响参数

1 什么是热的良导体和不良导体？

传导热的能力比较强的物体，叫作热的良导体；传导热的能力比较弱的物体，叫作热的不良导体。

金属是良导电体，因而也是良好的导热体。纯金属的热导率一般随温度升高而降低，金属的纯度对热导率影响很大，例如纯铜中含有极微量的砷，其热导率即急剧下降。非金属的建筑材料或绝缘材料的热导率与其组成、结构的致密程度以及温度有关，通常随密度的增大或温度的升高而增加。大多数均一的固体，其热导率在一定温度范围与温度约呈直线。非金属液体以水的热导率最大，除水和甘油外，绝大多数液体的热导率随温度的升高而略有减少，一般说来，纯液体的热导率比它的溶液的热导率大。气体的热导率很小，对导热不利，但却对隔温有利，如软木、玻璃棉等就是因其空隙中有气体存在，所以它们的热导率较小。气体的热导率，随温度的升高而增大。除非气体的压力很高（大于 2000atm）或很低（小于 20mmHg，1mmHg＝133.32Pa），否则其热导率实际上与压力无关。

2 什么是热导率？影响其因素有哪些？

热导率 λ 是在温度梯度为 1K/m、导热面积为 1m² 的情况下，单位时间内传递的热量。即热导率值大，说明物质的导热能力强。所以热导率是物质导热能力的标志，是物质的一个物理性质。影响热导率 λ 主要有如下几个因素。

① 物质的化学组成：化学组成不同和同样材料含有少量杂质会使 λ 值改变。

② 内部结构：物质内部结构越紧密，其热导率越大。

③ 物理状态：化学组成虽相同，但所处物理状态不同，λ 值也不一样。

④ 湿度：湿材料的热导率比同样组成的干材料要高。

⑤ 压强：主要是对气体的影响。气体的热导率随压强的增加而增加，但在通常压强范围内热导率值增加很小，可以忽略。在高真空（绝对压强＜2.66kPa）和高压下，压强的影响较大。

⑥ 温度：温度对不同材料热导率的影响各有不同。气体、蒸汽、建筑材料和绝热材料的 λ 值随温度升高而增大，大部分液体（水和甘油除外）和大部分金属的 λ 值随温度升高而降低。

3 传热系数 K 的物理意义是什么？强化传热应考虑哪些方面？

传热系数 K 的定义如下：

$$K=\frac{q}{F\Delta t_m}$$

式中　K——传热系数，W/(m²·K)；

　　　q——传热速率，J/h；

　　　F——传热面积，m²；

　　Δt_m——温度差，K。

传热系数 K 的物理意义是指流体在单位面积和单位时间内，温度每变化 1℃ 所传递的热量。传热系数 K 的计算式如下：

$$K = \cfrac{1}{\cfrac{1}{\alpha_1} + R_1 + \cfrac{\delta}{\lambda} + \cfrac{1}{\alpha_2} + R_2}$$

式中 K——传热系数，$W/(m^2 \cdot K)$；

α_1——热流体侧的传热分系数，$W/(m^2 \cdot K)$；

R_1——热流体侧的污垢热阻，$(m^2 \cdot K)/W$；

α_2——冷流体侧的传热分系数，$W/(m^2 \cdot K)$；

R_2——冷流体侧的污垢热阻，$(m^2 \cdot K)/W$；

λ——管壁材料的热导率，$W/(m \cdot K)$；

δ——管壁厚度，m。

从上述的关系式可以看出：要提高 K 值，必须设法提高 α_1、α_2，降低 δ 值。在提高 K 值时应增加 α 较小的一方。但当 α 值相接近时，应同时提高两个 α。对流传热的热阻主要集中在靠近管壁的滞流层，在滞流层中热量以传导方式进行传递，而流体的热导率又很小。所以强化传热应考虑以下几个方面：

① 增加湍流程度，以减小滞流层内层厚度。方法有：a. 增大流体流速，如列管换热器的管程可用增加管程数来提高管内流速，壳程可加挡板等来提高传热速率；b. 改变流动条件，使流体在流动过程中不断改变流动方向，促使其形成湍流，例如在板式换热器中，当 $Re = 200$ 时，即进入湍流状况。

② 增大流体的热导率。如在原子能工业中采用液态金属作载热体，其热导率比水大十多倍。

③ 除垢。当换热器使用时间长后，垢层变厚，影响传热，应设法除垢。如在线清洗技术，可在换热器使用过程中清除垢层。

④ 什么是对数平均温差？

对数平均温差的计算式如下：

$$\Delta t_m = \cfrac{(T_1 - t_2) - (T_2 - t_1)}{\ln \cfrac{T_1 - t_2}{T_2 - t_1}} = \cfrac{\Delta t_h - \Delta t_c}{\ln \cfrac{\Delta t_h}{\Delta t_c}}$$

式中 T_1——热流进口温度，℃；

T_2——热流出口温度，℃；

t_1——冷流进口温度，℃；

t_2——冷流出口温度，℃；

Δt_h——热端温差，℃；

Δt_c——冷端温差，℃；

Δt_m——对数平均温差，即热端温差与冷端温差的对数平均值，℃。

5 什么是溶剂抽提？

抽提也称萃取，它是利用各组分在溶剂中的溶解度不同而使液体或固体混合物分离的过程。抽提分离时要求混合物组分在溶剂中的溶解度不同，同时加入溶剂后形成的两相必须具有不同的密度。

6 什么是溶解度？影响因素是什么？什么是临界溶解温度？

所谓溶解就是一种物质（溶质）分散在另一种物质（溶剂）中形成溶液的过程。物质溶解能力的大小用溶解度表示，就是指在一定温度和压力下，物质在一定量溶剂中溶解的最高量，通常用 $100g$ 溶剂里溶解的最多克数来表示，即以 $g/100g$ 来表示。烃类在溶剂中的溶解度主要取决于烃类和溶剂的分子结构相似程度，两者结构越相似，溶解度越大；温度升高，烃类在溶剂中的溶解度增大。当加热到某一温度时，烃类和溶剂达到完全互溶，两相界面消失，这时的温度称为该混合物的临界溶解温度。

7 什么是亨利定律？

当温度一定时，气体在液体中的溶解度和该气体在气相中的分压成正比，这一规律称为亨利定律。其表达式如下：

$$P = Ex$$

式中　x——气体在液相中的摩尔分率；

　　　P——平衡时组分的气相分压；

　　　E——组分的亨利常数。

8 什么是挥发度和相对挥发度？相对挥发度大小对蒸馏分离有何影响？

溶液达到气液两相平衡时，某一组分 A 在平衡气相中的分压

P_A 与它在平衡液相中的摩尔分率 x_A 的比值，称为 A 组分的挥发度 α_A。

$$\alpha_A = P_A / x_A$$

溶液中的两组分挥发度之比，为相对挥发度。如 A 和 B 组分的相对挥发度 α_{AB}：

$$\alpha_{AB} = \alpha_A / \alpha_B$$

对于理想溶液，有：

$$\alpha_{AB} = P_A^{\ominus} / P_B^{\ominus}$$

当相对挥发度等于 1 时，轻重组分的饱和蒸气压相等，两组分在气液两相组成完全一样，采用普通蒸馏方法不能分离；当相对挥发度不等于 1 时，气液两相轻重组分组成存在差异，且相对挥发度离等于 1 越远，相差越大，越容易用蒸馏方法分离。

9 什么是油品的泡点和泡点压力？

多组分流体混合物在某一压力下加热至刚刚开始沸腾，即出现第一个小气泡时的温度。泡点温度也是该混合物在此压力下平衡气化曲线的初馏点，即 0% 馏出温度。泡点压力是在恒温条件下逐步降低系统压力，当液体混合物开始汽化出现第一个气泡的压力。

10 什么是油品的露点和露点压力？

多组分气体混合物在某一压力下冷却至刚刚开始冷凝，即出现第一个小液滴时的温度。露点温度也是该混合物在此压力下平衡气化曲线的终馏点，即 100% 馏出温度。露点压力是在恒温条件下压缩气体混合物，当气体混合物开始冷凝出现第一个液滴时的压力。

11 泡点方程和露点方程是什么？

石油精馏塔内侧线抽出温度则可近似看作为侧线产品在抽出塔板油气分压下的泡点温度。塔顶温度则可以近似看作塔顶产品在塔顶油气分压下的露点温度。

泡点方程是表征液体混合物组成与操作温度、压力条件关系的数学表达式，其算式如下：

$$\sum K_i x_i = 1$$

露点方程是代表气体混合物组成与操作温度、压力条件关系的数学表达式，其算式如下：

$$\sum \frac{y_i}{K_i} = 1$$

式中，x_i、y_i 分别代表 i 组分在液相或气相的摩尔分率。

⓬ 什么是拉乌尔定律和道尔顿定律？它们有何用途？

拉乌尔（Raoult）研究稀溶液的性质，归纳了很多实验的结果，于 1887 年发表了拉乌尔定律"在定温定压下的稀溶液中，溶剂在气相的蒸气压等于纯溶剂的蒸气压乘以溶剂在溶液中的摩尔分率"。其数学表达式如下：

$$P_A = P_A^{\ominus} x_A$$

式中　P_A——溶剂 A 在气相的蒸气压，Pa；

　　　$P_A^{\ominus}$——在定温条件下纯溶剂 A 的蒸气压，Pa；

　　　x_A——溶液中 A 的摩尔分率。

大量的科学研究实践证明，拉乌尔定律不仅适用于稀溶液，而且也适用于化学结构相似、相对分子质量接近的不同组分所形成的理想溶液。

道尔顿（Dalton）根据大量试验结果，归纳为"系统的总压等于该系统中各组分分压之和"。以上结论发表于 1801 年，通常称为道尔顿定律。

道尔顿定律有两种数学表达式：

$$P = P_1 + P_2 \cdots + P_n$$
$$P_i = P y_i$$

式中　P_1、P_2、$\cdots$、P_n——代表下标组分的分压；

　　　y_i——任一组分 i 在气相中的摩尔分率。

经过大量的科学研究证明，道尔顿定律能准确地用于压力低于 0.3MPa 的气体混合物。

当我们把这两个定律进行联解时，很容易得到以下算式：

$$y_i = \frac{P_A^{\ominus}}{P_{x_i}}$$

根据此算式很容易由某一相的组成，求取与其相平衡的另一相的组成。

13 什么是吸收、物理吸收、化学吸收？什么是解吸？

吸收是一种气体分离方法，它利用气体混合物的各组分在某溶剂中的溶解度不同，通过使气液两相充分接触，易溶气体进入溶剂中，从而达到使混合气体中组分分离的目的。易溶气体为吸收质，所用溶剂为吸收剂。吸收过程实质上是气相组分在液相中溶解的过程，各种气体在液体中都有一定的溶解度。当气体和液体接触时，气体溶于液体中的浓度逐渐增加到饱和为止，当溶质（被溶解的气体）在气相中的分压大于它在液相中饱和蒸气压时，就会发生吸收作用，当差压等于 0 时，过程就达到了平衡，即气体不再溶解于液体，如果条件相反，液质由液相转入气相，即为解吸过程。当溶质在液相中的饱和蒸气压大于它在气相中的分压，就会发生解吸作用，当两者压差等于 0 时，过程就达到平衡。

气体被吸收剂溶解时不发生化学反应的吸收过程称物理吸收。气体被吸收剂溶解时伴有化学反应的吸收过程称化学吸收。

解吸也称脱吸，指吸收质由溶剂中分离出来转移入气相的过程，与吸收是一个相反的过程。通常解吸的方法有加热升温、降压闪蒸、惰性气体或蒸汽脱气、精馏等。

14 真空度、大气压、表压和绝对压力的关系是什么？

工质的真实压力称为"绝对压力"，以 p 表示。当地大气压力以 p_b 表示，绝对压力大于当地大气压力时，压力表指示的压力值称为表压力，用 p_e 表示：

$$p = p_b + p_e$$

绝对压力低于当地大气压力时，用真空表测得的数值，即绝对压力低于当地大气压力的数值，称"真空度"，用 p_v 表示：

$$p = p_b - p_v$$

工程上测量压力一般常采用弹簧管式压力表，当压力不高时也可用 U 形管压力计来测定。目前愈来愈多的采用电子技术的测压设备已进入工程领域。无论什么压力计，因为测压元件本身都处在当地大气压力的作用下，因此测得的压力值都是工质的真实压力与当地大气压力间的差。当地大气压力的值可用气压计测定，其数值随所在地的纬度、高度和气候等条件而有所不同。

15 传热的三种基本方式是什么？

传热的三种基本方式：热传导、对流和辐射。

(1) 热量从物体中温度较高的部分传递到温度较低的部分或者传递到与之接触的温度较低的另一物体的过程称为热传导，简称导热。在纯导热过程中，物体的各部分之间不发生相对位移。

(2) 对流是指流体各部分质点发生相对位移而引起的热量传递过程，因而对流只能发生在流体中，在化工生产中常遇到的是流体流过固定表面时，热能由流体传到固体壁面，或者由固体壁面传入周围流体，这一过程称为对流传热。若用机械能（例如搅拌流体或用泵将流体送经导管）使流体发生对流而传热的称为强制对流传热；若流体原来是静止的，因受热而有密度的局部变化，遂导致发生对流而传热的，此则称为自然对流传热。无论哪一种形式的对流传热，单位时间内所传递的热量均采用牛顿冷却公式计算：

流体被加热时，$Q=XA(t_w-t)$

流体被冷却时，$Q=XA(T-t_w)$

式中，t_w 为壁温，T 和 t 分别为热、冷流体的平均温度，A 为传热面积，X 为对流传热系数。

(3) 辐射是一种以电磁波传递能量的现象，物体会因各种原因发出辐射能，其中因热的原因而发生辐射能的过程称为热辐射。物体在放热时，热能变为辐射能，以电磁波的形式发射而在空间传播，当遇到另一物体，则部分地或全部地被吸收，重新又转变了热能，因而辐射不仅是能量的转移，而且伴有能量形式的转化，这是热辐射区别于热传导和对流的特点之一。因此，辐射能可以在真空中传播，不需要任何物质作媒介，物体虽能以辐射能的方式传递热量，但是，只有在高温下辐射才能成为主要的传热方式。

16 什么是潜热?

潜热是指物质在汽化或冷凝时,所吸收或放出的热量,对于纯物质此时温度并不起变化。

17 什么是比热容?

单位质量纯物质在没有化学反应、相变化时,温度每升高一度所需的热量称为比热容。

18 什么是空速?

每小时进入反应器的原料体积流量与反应器内催化剂体积量之比称为空间速度,简称空速。

19 节流原理是什么?

在封闭的管道里,当流体通过节流阀后,压力由高降至低,由于整个过程中焓值不变,随着压力的变化,温度也发生明显变化,从而产生制冷效应(个别气体节流后产生制热效应)。

20 乙烯装置流程图中的各代号指的是什么意思?举例说明。

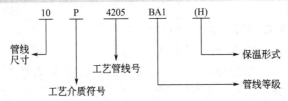

21 乙烯装置流程图中的管线等级各符号指的是什么意思?

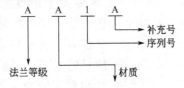

22 温度和压力对吸收效果有何影响?

温度对吸收效果有显著的影响,因为溶解度和温度有关,会使溶剂中的气体平衡分压降低，有利于气体吸收，但温度过低，可能导致气体的一部分烃类冷凝，导致溶剂发泡而影响吸收效果。

压力高，有利于吸收进行，但不利于解吸过程。压力过高，会导致气体部分烃类冷凝。压力低有利于吸收剂的解吸，但不利于吸收过程。

23 制冷循环包括哪几个基本过程？

制冷循环包括压缩、冷凝、膨胀、蒸发。

24 影响加氢过程的主要因数有哪些？

主要影响因素有反应压力、反应温度、氢油比、空速、原料性质和催化剂性能。

25 泄压的原则是什么？

泄压的原则是先低压后高压，先排液后泄压。

26 深冷分离过程主要由哪几个系统组成？

① 压缩和制冷系统。
② 气体净化系统。
③ 精馏分离系统。

27 疏水器投用前应注意什么？

投用疏水器前应确认疏水器的换热器的管线已冲洗干净，没有堵塞危险。

28 清洗后的再沸器用氮气吹扫的要求是什么？

清洗后的再沸器用氮气吹扫的要求是氧含量小于 0.5%（体积分数），且露点低于 -45℃。

29 开车前，为什么必须将工艺管线的导淋用盲法兰或丝帽封闭？

因为乙烯装置的工艺物料都是易燃易爆的物质，且操作压力普遍较高，如若导淋关不严密，物料泄漏，后果不堪设想，因此必须予以提前封闭。

30 如何调节自励阀？

先全开自励阀的前后截阀，然后一边观察自励阀后的压力表，一边用螺丝刀调节自励阀的开度，直至达到要求的压力为止。

31 开车前的氮气置换怎样进行？

① N_2 置换前，设备管线的排液泄压结束后，必须注意，在设备内假如有液体残留的话，会延长置换时间。

② 置换用 N_2 是从末端导入，原则上是从另一端放出，在排放前应考虑不留死角，用 N_2 置换实气时向火炬排放，用 N_2 置换空气向大气放出，低温系统排放时 N_2 置换与系统干燥同时进行，并确认露点在 $-50℃$。

③ N_2 置换过程中应注意 N_2 主管压力高于工艺系统压力。

④ N_2 置换是否结束的确定是从含死角的系统内两处以上的地方取样分析判断合格与否，N_2 置换结束的标准是含量高于 99.5%（分析三次，取得同样结果）。

⑤ N_2 置换结束后，在向大气放出的状态下，抽出或插入盲板。

⑥ N_2 置换软管用完后，必须拆卸与工艺系统分开。

32 开车后，若在没有排放的情况下火炬的火仍较大应从哪些方面检查？

首先复查开车过程中打开的排放阀是否全部关严，然后确认曾起跳过的安全阀是否全部复位，最后确认放火炬的阀门是否有内漏及安全阀是否内漏。

33 什么是均相物系和非均相物系？

凡物系内部各处物料性质均匀而不存在相界面者，称均相物系，如溶液和混合气等。

凡物系内部有隔开两相的界面存在，而界面两侧的物料性质截然不同者，称非均相物系，如悬浮液、含尘气体等。

34 **乙烯装置节能降耗的主要途径有哪些？**

可以从管理与技术改造两方面着手。

① 强化裂解炉运行管理，提高炉子热效率。

② 抓好急冷系统操作优化，尽可能回收低温热，同时减少中压蒸汽直接补 DS 量。

③ 强化"三机"专业管理，使透平保持良好的出力状况。

④ 做好分离系统操作优化，实施卡边操作，减少质量过剩。

⑤ 做好蒸汽平衡，提高蒸汽回收利用率。

⑥ 加强设备、管线保温、保冷管理，减少散热或逃冷损失。

⑦ 做好乙烯原料优化，提高乙烯收率。

⑧ 加强伴热和冬季防冻防凝管理。

⑨ 加强凝水回收管理工作。

⑩ 加强循环水场等公用工程运行管理，确保装置安稳运行。

⑪ 采用新技术节能。如裂解炉改造、增设空气预热器、应用扭曲片、实施先进控制（APC）、裂解压缩机注水、频电机、应用高性能 C_2 及 C_3 催化剂、应用高效换热器和塔内件等。

35 **乙烯装置高负荷运行时应注意的主要事项有哪些？**

① 保证各裂解炉的负荷、裂解深度及油汽比在适当位置。

② 确保急冷水塔的运行正常。

③ 加强稀释蒸汽系统维护工作。

④ 加强管理，保证裂解气压缩机、制冷压缩机及其透平复水系统的稳定运行。

⑤ 调整好冷箱温度，控制好脱甲烷塔顶温，减少乙烯损失。

⑥ 优化碳二、碳三加氢反应器的操作，严防反应器出口乙炔（或丙炔、丙二烯）超标，保证产品质量。

⑦ 优化各精馏塔的操作，保证各精馏塔不超压。

⑧ 夏季球罐压力高时，应及时打开喷淋水阀门，进行喷水降温，确保球罐不超压。

第三节　精馏塔的操作条件

①　什么是传质过程？

　　物质以扩散作用，从一相转移到另一相的过程，即为传质的过程。因为传质是借助于分子扩散运动，使分子从一相扩散到另一相，故又称扩散过程，两相传质过程的进行，其极限都要达到相同的平衡为止。但相间的平衡只有两相经过长时间的接触后才能建立。因为相间的接触时间一般是有限的，故而在塔内不能达到平衡态。

②　汽液平衡以及相平衡常数的物理意义是什么？

　　相就是指在系统中具有相同的物理性质和化学性质的均匀部分，不同相之间，往往有一个相界面把不同的相分开，例如液相和固相、液相和气相之间。在一定的温度和压力下，如果物料系统中存在两个或两个以上的相，物料在各相的相对量以及物料中各组分在各相中的浓度不随时间变化，我们称此状态为相平衡。在蒸馏过程中，当蒸气未被引出前与液体处于某一相同的温度和压力下，并且相互密切接触，同时气相和液相的相对量以及组分在两相中的浓度分布都不再变化，称为达到了相平衡（汽液平衡）。

　　相平衡时系统内温度压力和组成都是一定的，一个系统中汽液相达到平衡状态有两个条件：①液相中各组分的蒸气分压必须等于汽相中同组分的分压，否则各组分在单位时间内汽化的分子数和冷凝的分子数就相等；②液相的温度必须等于汽相的温度，否则两相间会发生热交换，当任一相的温度升高或降低时，势必引起各组分量的变化。这就说明在一定温度下，汽液两相达到相平衡状态时，汽液两相中的同一组分的摩尔分数比衡定。相平衡方程如下式：

$$y_A = K_A x_A$$

式中　y_A——A组分在汽相中的摩尔分数；

　　　x_A——A组分在液相中的摩尔分数；

K_A——A 组分的平衡常数。

汽液两相平衡时，两相温度相等，此温度对汽相来说，代表露点温度；对液相来说，代表泡点温度。

汽液平衡是两相传质的极限状态。汽液两相不平衡到平衡的原理，是汽化和冷凝，吸收和解吸过程的基础。例如，蒸馏的最基本过程，就是汽液两相充分接触，通过两相组分浓度差和温度差进行传质传热，使系统趋近于动平衡，这样，经过塔板多级接触，就能达到混合物组分的最大限度分离。

汽液平衡常数 K_i 是指汽液两相达到平衡时，在系统的温度、压力条件下，系统中某一组分 i 在气相中的摩尔分数 y_i 与液相中的摩尔分数 x_i 的比值。即

$$K_i = \frac{y_i}{x_i}$$

相平衡常数是石油蒸馏过程相平衡计算时最重要的参数，对于压力低于 0.3MPa 的理想溶液，相平衡常数可以用下式计算：

$$K_i = \frac{P_i^\ominus}{P}$$

式中　$P_i^\ominus$——i 组分在系统温度下的饱和蒸气压，Pa；
　　　P——系统压力，Pa。

对于石油或石油馏分，可用实沸点蒸馏的方法切割成为沸程在 10~30℃ 的若干个窄馏分，把每个窄馏分看成一个组分——假组分，借助于多元系统汽液平衡计算的方法，进行石油蒸馏过程中的汽液平衡的计算。

❸ 汽液两相达到平衡后是否能一直保持不变？为什么？

平衡是相对的，不平衡是绝对的；平衡是有条件的，任何平衡都遵循这一基本规律。因此，处于某一温度下的相平衡体系，如果温度再升高一些，液体就多汽化一些，而其中轻组分要汽化得多一些，此时又建立了新的汽液平衡。相反，如果温度降低，则蒸气就冷凝，且重组分较轻组分要冷凝得多些，此时又建立了新的汽液平衡。

4 什么是一次汽化，什么是一次冷凝？

液体混合物在加热后产生的蒸气和液体一直保持相平衡接触，待加热到一定温度直至达到要求的汽化率时，气液即一次分离。这种分离过程，称为一次汽化（或平衡汽化）。如果把混合蒸气进行部分冷凝所得的液体和剩余的蒸气保持相平衡接触状态，直到混合物冷却到一定温度时，才将冷凝液体与剩余气体分离，这种分离过程叫一次冷凝（或称平衡冷凝）。可以看出，一次冷凝和一次汽化互为相反的过程。

5 分馏的依据是什么？

利用混合溶液中组分之间的沸点或者饱和蒸气压的差别，即挥发度不同，在受热时，低沸点组分优先汽化。在冷凝时，高沸点组分优先冷凝，这就是分馏的根本依据。

6 精馏的原理是什么？精馏过程实质是什么？

在塔的第 n 层塔板上，由下层（第 $n+1$ 层）上升的蒸汽通过塔板上的小孔进入该层塔板，而上层（第 $n-1$ 层）的液体通过溢流管也进入该层塔板，汽液两相在该层塔板上接触，两者温度不相等，浓度不同，汽相向液相传热，液相中的轻组分汽化进入汽相，汽相中的重组分冷凝成液相，两相在该层塔板上发生传质和传热。两相完成传质和传热后，液相通过第 n 层塔板的溢流管进入下一层塔，而汽相通过第 $n-1$ 层塔板的小孔进入上层塔板。在每层塔板上均进行上述传质传热过程，这就是精馏的原理。

精馏过程的实质是：不平衡的汽液两相经过热交换，汽相多次部分冷凝与液相多次部分汽化相结合的过程，也可以认为是不平衡的汽液两相在逆流多次接触中，多次交换轻质组分的过程。不平衡的汽液两相，经热交换，汽相多次部分冷凝与液相多次部分汽化相结合的过程。

7 实现精馏的必要条件是什么？

① 分（精）馏过程主要依靠多次部分汽化及多次部分冷凝的

方法，实现对液体混合物的分离，因此，液体混合物中组分的相对挥发度差异是实现精馏过程的首要条件。在挥发度十分接近难以分离的条件下，可以采用恒沸精馏或萃取的方法来进行分离。

② 塔顶加入轻组分浓度很高的回流液体，塔底用加热或汽提的方法产生热的蒸气。

③ 塔内要装设有塔板或填料，提供传热和传质场所。

8 **蒸馏与精馏的区别是什么？**

蒸馏和精馏都是以汽化、冷凝达到分离的目的。蒸馏采用部分汽化或部分冷凝的方法，使混合物得到一定纯度的分离。精馏采用多次汽化多次冷凝的方法，使混合物得到较高纯度的分离。

9 **分馏塔板或填料的作用有哪些？**

分馏塔板或填料塔板或填料在分馏过程中主要提供汽、液良好的接触场所，以便于传热、传质过程的进行。在塔板上或填料表面自上而下流动的轻组分含量较多、温度较低的液体与自下而上流动的温度较高的蒸气相接触。回流液体的温度升高，其中轻组分被蒸发到气相中去，高温的蒸气被低温的液体所冷凝，其中重组分被冷却下来转到回流液体中去。从而使回流液体经过一块塔板重组分含量有所上升，而上升蒸气每经过一块塔板轻组分含量也有所上升，这就是塔板或填料上传质过程也称提浓效应。液相的轻组分汽化需要热量——汽化热，这热量是由气相中重组分冷凝时放出的冷凝热量直接供给的。因此在蒸馏塔板上进行传质过程的同时也是进行着热量传递过程。

10 **采用蒸汽汽提的作用原理是什么？**

在一定的温度下，当被蒸馏的油品通入蒸汽时，油气形成的蒸气分压之和低于设备的总压时，油品即可沸腾。吹入水蒸气量越大，形成水蒸气的分压越大，相应需要的油气分压越小，油品沸腾所需的温度就越低。

11 **分馏塔顶回流作用是什么？塔顶温度与塔顶回流有何关系？**

塔顶回流作用有：①提供塔板上液相回流，造成气液两相充分接触达到传热，传质的目的；②取走进入塔内的多余热量，维持全塔热平衡，以利于控制产品质量。

塔顶温度用塔顶回流量控制，塔顶温度高，产品偏重，应加大回流量控制质量。但回流量不宜过大，以防止上部塔板及塔顶系统超负荷。

12 什么是空塔气速？

空塔气速通常指在操作条件下通过塔器横截面的蒸汽线速度（m/s）。由蒸汽体积流量除以塔器横截面积而得，即等于塔器单位截面上通过的蒸汽负荷，是衡量塔器负荷的一项重要数据。板式塔的允许空塔气速，要受过量雾沫夹带、塔板开孔率和适宜孔速度等的控制。一般以雾沫夹带作为控制因素来确定板式塔的最大允许空塔气速，此值应保持既不引起过量的雾沫夹带，又能使塔上有良好的气液接触。

13 什么是液相负荷？

液相负荷又称液体负荷，对有降液管的板式塔来说，是指横流经过塔板，溢流过堰板，落入到降液管中的液体体积流量（m^3/h 或 m^3/s），也是上下塔板间的内回流量，是考察塔板流体力学状态和操作稳定性的基本参数之一。液相负荷过大，在塔板上因阻力大而形成进出塔板堰间液位落差大，造成鼓泡不匀及蒸气压降过大，在降液管内引起液泛，此时液相负荷再加大，即引起淹塔、塔板失去分馏效果。塔内的板面布置、液流长度、堰板尺寸、降液管形式、管内液体停留时间、流速、压降和清液高度等都影响塔内稳定操作下的液相负荷。

14 什么是液面落差？

液面落差又称液面梯度。指液体横流过带溢流塔板时，为克服塔板上阻力所形成的液位差。液面落差过大，会导致上升蒸汽分配不匀，液体不均衡泄漏或倾流现象，使气液接触不良，塔板效率降低，操作紊乱。泡罩塔板的液面落差最大，喷射型塔板最小，筛板和浮阀塔板液面落差只在塔径较大或液相负荷大时才增大。

15 **什么是清液高度？**

清液是指塔板上不充气的液体。清液高度是塔板上或降液管内不考虑存在泡沫时的液层高度。用以衡量和考核气液接触程度、塔板气相压降，并可用它的 $2\sim2.5$ 倍作为液泛或过量雾沫夹带极限条件。塔板上的清液高度是出口堰高＋平均板上液面落差。降液管内清液高度由管内外压力平衡决定，包括板上清液压头，降液管阻力头及两板间气相压降头。

16 **什么是冲塔、淹塔、泄漏和干板？**

由于气相负荷过大，使塔内重质组分携带到塔的顶部，从而造成产品不合格，这种现象称为冲塔。

由于液体负荷过大，液体充满了整个降液管，而使上下塔板、液体连成一体，分馏效果完全被破坏，这种现象称为淹塔。

当处理量太小时，塔内的气速很低，大量液体由于重力作用，便从阀孔或舌孔漏下，这种情况称为泄漏。

塔盘无液体存在时称干板；干板状态下塔盘无精馏状态。

17 **液泛是怎样产生的？如何预防？**

液泛又称淹塔，是带溢流塔板操作中的一种不正常现象，会严重降低塔板效率，使塔压波动，产品分割不好。表现为降液管内的液位上升和板上泡沫层提升致使塔板间液流相连。造成液泛的原因是液相负荷过大，气相负荷过小或降液管面积过小。为防止液泛现象发生，在设计和生产中必须进行一层塔板所需液层高度以及板上泡沫高度的计算来校核所选的板间距，并对液体在降液管内的停留时间及降液管容量进行核算。

18 **什么是雾沫夹带，与哪些因素有关？**

在板式分馏塔操作中，塔内上升蒸汽，穿过塔板上的液层鼓泡而出时，由于上升蒸汽有着一定的动能，于是夹带一部分液体雾滴向上运动，当液体雾滴在重力能克服气流动能时，则返回到塔板上，但当气流上升的动能大于液滴本身的重力时，则被带到上一层塔板,这种现象称为雾沫夹带。雾沫夹带的多少,对精馏影响很大,雾沫夹带会使低挥发度液体进入挥发度较高的液体内,降低塔板效率。一般规定雾沫夹带量为 10%（0.1kg/kg 蒸汽）。按此来确定蒸汽负荷上限,并确定所需塔径。影响雾沫夹带量的因素有蒸汽垂直方向速度、塔板形式、板间距和液体表面张力等。

19 什么是回流比? 它的大小对精馏操作有何影响?

回流比是指回流量 L 与塔顶产品 D 之比,即:

$$R = L/D$$

回流比的大小根据各组分分离的难易程度（即相对挥发度的大小）以及对产品质量的要求而定。对于二元或多元物系它是由精馏过程的计算而定的。对于原油蒸馏过程,国内主要用经验或半经验的方法设计,回流比主要由全塔的热平衡确定。

在生产过程中,精馏塔内的塔板数或理论塔板数是一定的,增加回流比会使塔顶轻组分浓度增加、质量变好。对于塔顶、塔底分别得到一个产品的简单塔,在增加回流比的同时要注意增加塔底重沸器的蒸发量。对于有多侧线产品的复合原油蒸馏塔,在增加回流比的同时要注意调整各侧线的开度,以保持合理的物料平衡和侧线产品的质量。

20 什么是最小回流比?

一定理论塔板数的分馏塔要求一定的回流比,来完成规定的分离度。在指定的进料情况下,如果分离要求不变,逐渐减小回流比,则所需理论塔板数也需要逐渐增加。当回流比减小到某一限度时,所需理论塔板数要增加无限多,这个回流比的最低限度称为最小回流比。最小回流比和全回流是分馏塔操作的两个极端条件。显然,分馏塔的实际操作应在这两个极端条件之间进行,即采用的塔板数要适当地多于最少理论塔板数,回流比也要适当地大于最小回流比。

21 什么是理论塔板?

能使气液充分接触而达到相平衡的一种理想塔板的数目。计算板式塔的塔板数和填料塔的填料高度时，必须先求出预定分离条件下所需的理论塔板数，即假定气流充分接触达到相平衡，而其组分间的关系合乎平衡曲线所规定关系时的板数。实际板数总是比理论板数多。

22 什么是内回流？

内回流是分馏塔精馏段内从塔顶逐层溢流下来的液体。各层溢流液即内回流与上升蒸汽接触时，只吸取汽化潜热，故属于热回流。内回流量取决于外回流量，而且由上而下逐层减少（侧线抽出量也影响内回流量）；内回流温度则由上而下逐层升高，即逐层液相组成变重。

23 什么是回流热？

回流热又称全塔过剩热量，指需用回流取走热量。分馏过程中，一般是在泡点温度或气液混相条件下进料，在较低温度下抽出产品。因此，在全塔进料和出料热平衡中必然出现热量过剩。除极少量热损失外，绝大部分过剩热量要用回流来取出。

24 什么是气相回流？

气相回流指分馏塔提馏段中上升的蒸汽，可由塔底重沸器供热来形成，或从塔底引入过热蒸汽，促使较轻组分平衡汽化来形成。作用是利用汽相回流与提馏段下降液体的接触，使液体提浓变重，成为合格产品从塔底抽出。

25 什么是精馏？

把液体混合物多次的部分汽化，同时又把发生的蒸汽多次的部分冷凝，以达到完全分离混合物的目的。根据这样的原理，在传质设备中直接传质，传热分离为所要求纯度的组分的操作称为精馏。

26 什么是灵敏板？在操作中有什么意义？

当塔的操作经常受干扰时，各板的组成都发生变化，温度也发生变化，而温度发生变化最大的那块板叫作灵敏板。

以灵敏板的温度来控制塔釜和塔顶产品质量，所以要严格按规定的指标控制。

27 采用筛板塔盘有何优缺点？

筛板塔盘结构简单，金属耗量少，造价低，在一定范围内传质高于泡罩塔；阻力小，生产能力大，检修清理方便。但存在操作范围较窄、易成漏液等现象、塔板安装水平度要求严格等缺点。

28 精馏塔操作的基本原理是什么？

精馏是利用气液传质原理，利用混合物各组分在相同的压力下沸点不同即挥发度不同，使混合物在塔内各板气液配量不同，即气相轻组分多，液相重组分多，从而将各组分分离，塔顶温度低分离出低沸点产品，塔底温度高分离出高沸点产品。

29 塔压差是怎么形成的？

由塔釜上升的蒸汽，除了受干板压降的阻力外，还要受到每块塔板上的液柱阻力和液体表面张力的阻力，使塔釜和塔顶之间造成一定的压差。

30 塔顶采出量的变动对精馏操作什么影响？

当塔顶采出量增大，则回流减少，塔内气平衡受到破坏。一般来说，塔内物料少，气液接触不好，传质效率下降，同时操作压力下降，难挥发组分即重组分易被带到塔顶来，此时精馏效果下降，塔顶产品质量容易不合格。

31 进料量的变动对精馏塔操作有什么影响？

进料量的变动，直接影响的蒸汽气速的改变，速度变大会产生夹带现象，严重时产生液泛现象。当然在允许负荷的范围内，提高进料量，在塔压稳定下回流相应的提高，对提高产品质量是有效的。若超出允许负荷，只有提高相应的操作压力才能维持生产，但也有一定的局限性。

进料量过低，塔操作将难维持。

32 **精馏塔实现稳定操作必须保持哪几个基本条件？**

精馏塔实现稳定操作必须保持进料量与出料量（流出液与残液）之间的物料平衡，以及全塔系统各个部分之间的热量平衡。

33 **精馏塔操作中要注意哪三个平衡关系？**

精馏塔操作中要注意物料平衡、热量平衡和汽液平衡关系。

34 **什么是易挥发组分、难挥发组分？**

饱和蒸气压较大的液体，沸点较低，容易汽化，称为易挥发组分；饱和蒸气压较小的液体，沸点较高，难以汽化，称为难挥发组分。

35 **精馏塔回流的作用是什么？**

① 提供塔内的液相回流或气相回流，使气液两相在塔盘上充分接触，达到传质传热的目的。

② 取走塔内剩余的热量，维持全塔热平衡，以利于控制产品质量。

36 **塔顶采出量的大小对精馏操作有何影响？**

当进料量不变时，若塔顶采出量增大，则回流比势必减小，引起各板上的回流量减小，气液接触不好，传质效率低，同时操作压力也将下降，各板上的气液组成发生变化，结果重组带到塔顶，塔顶产品不合格，在强制回流操作中，如进料量不变，塔顶采出量突然增加，则易造成回流罐液面抽空，回流液中断，顶温升高，从而影响塔顶产品质量。如进料加大，但塔顶采出量不增加，其后果是回流比增大，塔内物料增多，上升蒸汽速增大，塔顶与塔釜的压差增大，严重时会引起液泛。

第四节 乙烯生产的设备性质

1 **压力容器是如何分类的？**

（1）按压力分为内压容器和外压容器。

内压容器又可分为低压、中压、高压、超高压容器。低压容器，$0.1MPa \leqslant p \leqslant 1.6MPa$；中压容器，$1.6MPa \leqslant p \leqslant 10MPa$；高压容器，$10MPa \leqslant p < 100MPa$；超压容器，$p \geqslant 100MPa$。

外压容器又叫作真空容器。

（2）从安全监察角度分类，将压力容器分为三类。

① 属于下列情况之一者为一类容器：非易燃或无毒介质的低压容器；易燃易爆或有毒介质的低压分离容器或换热容器。

② 属于下列情况之一者为二类容器：除三类容器外的所有中压容器；易燃易爆或有毒介质的低压反应器和储运容器；内径小于1m的低压废热锅炉；毒性程度为极度、高度危害介质的低压容器。

③ 属于下列情况之一者为三类容器：毒性程度为极度和高度危害介质的中压容器，$pV \geqslant 0.2MPa \cdot m^3$ 的低压容器（p 为设计压力，V 为容积）；易燃或易毒性程度为中度危害介质且 pV 大于等于 $0.5MPa \cdot m^3$ 的中压容器，$pV \geqslant 0.2MPa \cdot m^3$ 的中压储存容器；高压和超高压容器。

（3）按工艺用途可分为：反应压力容器；换热压力容器；分离压力容器；储存压力容器。

（4）按压力容器的壁厚可分为：薄壁容器，容器的外径与内径比值 $K \leqslant 1.15$；厚壁容器，容器的外径与内径比值 $K > 1.15$。

（5）按压力容器工作壁温可分为：高温容器，当容器的壁温 $T \geqslant 300℃$ 时称为高温容器；常温容器，当容器的壁温 $-20℃ \leqslant T < 300℃$ 时称为常温容器；低压容器，当容器的壁温 $T < -20℃$ 时低温容器。

（6）按容器的受压状态可分为：内压容器、外压容器。

② 最大工作压力、设计压力、设计温度、公称直径、公称压力是如何规定的？

最大工作压力：指容器在正常操作情况下，顶部可能出现的最高表压力。

设计压力：指在相应设计温度下，用以确定容器或设备壳体厚度的压力，其值大于或等于最高压力。

设计温度：指容器在正常操作情况下，在相应设计压力下，金属元件的金属温度，其值不得低于元件金属可能达到得最高温度，对于 0℃以下的金属温度，则设计温度不得高于元件金属可能达到的最高温度。

公称直径：压力容器或设备的公称直径规定以其内径为公称直径（用 DN 表示），管子的公称直径是指管子的名义直径，它既不是管子的内径，也不是管子的外径，而是与内径相似的某各整数值（用 DN 表示）。

公称压力：是为了制造和使用方便而人为地规定的一个标准压力，把压力容器或设备所承受的压力分为若干个压力等级，经过标准化厚的压力称为公称压力，用 PN 表示。

③ 压力容器或设备在制成以后或经过长期使用后进行大检修时，在交付使用前，为什么要进行超过工作压力条件的压力试验？

进行压力试验主要是为了检查密封结构、焊缝有无渗漏以及容器的强度。

④ 压力容器或设备进行致密性试验的目的是什么？

致密性试验主要是检查其密封的可靠性，防止发生泄漏，出现安全问题。

⑤ 致密性试验的方法有几种？常用的是哪一种？

方法有两种：气密性试验和煤油渗漏试验。常用的是气密性试验。

⑥ 容器水压试验目的是什么？为什么要控制水中氯离子？

水压试验的目的是在超过工作载荷下检查容器的宏观强度，包括检查容器各部位的变形、连接处的强度和密封等。对奥氏体不锈钢容器，由于结构原因，不能将水渍清除干净，为防止氯离子的腐蚀，对水中氯离子的含量要控制在 25×10^{-6} 之内。

7 **板式塔与填料塔的区别有哪些？**

填料塔与板式塔的主要区别在于塔的内件、工作部件的结构不同，两种塔的性能、能力也不同。

（1）塔内气液组成看，板式塔内气、液呈阶梯式的变化，而填料塔内沿塔的高度上，气、液上呈连续变化。

（2）从气液接触上看，板式塔气液是逐级接触，而填料塔内气液被分散在填料表面微分接触。

（3）由塔内构件结构决定了填料塔径小，重量轻，而板式塔的塔径大，重量大。

（4）从价格上看，填料塔的价格与所需体积成正比，板式塔以每单位面积计算的价格随塔径增大而增大。

（5）操作条件的区别：①流体阻力不同；②流体负荷不同；③操作弹性不同。

（6）处理物的物性方面不同：

① 对于容器起泡的物质，在所需塔径不大的情况下，采用填料塔为宜；

② 含有固体粒子的物质，比较适用于板式塔；

③ 具有腐蚀性介质使用填料塔。

（7）塔压降区别，填料塔的压降比板式塔小，因而对真空操作更为适宜。

（8）从设计精度上看，板式塔设计资料容器获得，设计精度高，与填料塔相比，更为可靠。

8 **液体在板式塔板上的流动形式有几种？**

流动形式有三种：U 形式流动、单溢流动和双溢流动。

9 **引起法兰泄漏的原因有哪些？**

（1）密封结构、密封面型式及垫片的种类选用不当。

（2）法兰、螺栓的材料及尺寸选用不当。

（3）垫片的厚度、宽度不适当。

（4）垫片和法兰密封面上有凹坑、划伤、特别是径向划痕或法兰密封面上不清洁，粘有机械杂质等。

(5) 法兰瓢曲或法兰过大的偏口、错口、张口、错孔等缺陷。

(6) 螺栓上紧力不均，不够或过度。

(7) 螺栓材质弄错。

(8) 操作幅度很大，波动所致。

10 离心泵由哪些主要部件组成？

离心泵主要由转子、泵壳、密封装置、冷却装置、平衡装置、轴承箱、轴承支架等组成。

11 离心泵的性能参数有哪些？

离心泵的性能参数包括流量、扬程、转速、功率和效率、允许吸上真空度、允许气蚀余量。

12 叶轮的叶片形状分几种形式？常用的是哪一种？

叶轮叶片形状有三种形式：前弯式叶片、后弯式叶片、径向叶片。后弯式叶片是最常用的一种形式。

13 从设备维护角度，说明固定管板式换热器的投用原则是什么？

投用固定管板式换热器时，首先要将壳程充满介质，方能将管程投用。这样，可以避免换热器的损坏，因为，这时壳程和管程材质均匀加热（或冷却），不会由于加热一侧引起材料应力的产生。

14 使用循环水的冷却器进行系统"清洗"和"预膜"的目的是什么？

清洗的目的：清除循环水系统中的铁锈、无机盐垢、沉积物、生物质黏泥等污垢，使换热器及其他设备有干净和新鲜的金属表面，从而提高换热效率，并为设备预膜创造条件。

预膜的目的：使用预膜剂在洁净的金属表面上预先生成一层薄而致密的保护膜，使设备在运行中不被腐蚀。预膜过程应在清洗结束后立即开始。

15 泵润滑油变质的原因是什么?

① 采用不合格的润滑油。

② 加油、换油或检查时,掉入脏东西。

③ 油箱长期不清洗。

④ 加油未经三级过滤,或过滤网破损。

⑤ 轴承箱挡油环密封不好,有水进入轴承箱。

⑥ 轴承箱内件损坏,使润滑油温度过高,使油变质。

16 加换润滑油应注意哪些问题?

由熟知润滑管理制度的技术工人负责,认准润滑油牌号厂家,润滑油经过三级过滤后,加入油箱。同时应注意用固定的干净的该润滑油牌号的油壶。换油时,对轴承箱要用规定牌号的润滑油进行冲洗,确保轴承箱干净后再加油。加油时,勿使脏东西掉入轴承箱,油杯要高于 2/3 液位。检修时,更换过滚动轴承的,在机器运行 4~5h 后,应换油,不允许在机器运行时换油。

17 好换热器的标准大致有哪些?

好换热器坏的标准有:传热效率高;流体阻力小;刚度、强度足够;结构可靠;节省材料;成本低;制造、安装、检修方便。

18 什么是临界转速?

当转子的转速达到某一转速时,就会发生激烈振动,运转极不安全;当低于或高于这一转速时,机器就会恢复平稳。如果继续提高转速到另一个较高的数值时,又有可能重新出现这个现象,我们把使转子发生激烈振动时的转速称为临界转速。

19 什么是刚性轴?什么是挠性轴?

轴的工作转速低于临界转速(对多转子轴而言,则为第一临界转速),此轴称为刚性轴。

轴的工作转速高于临界转速,此轴称为挠性轴。

20 换热设备是如何分类的?

按换热方式不同,换热设备可以分为三大类:混合式换热器、蓄热式换热器、间壁式换热器。

21 管壳式（列管式）换热器可分为几种类型？

管壳式（列管式）换热器分为四种：固定管板式换热器、浮头式换热器、U 形管式换热器、填料函式换热器。

22 什么是润滑油工作中的"五定"和"三级过滤"？

润滑油工作中的"五定"包含以下内容。

（1）定点：按规定的部位（如油杯、油孔）注油，对自动注油的润滑点，要经常检查油位、油压、油泵注入量，并及时处理异常现象。

（2）定质：按规定的润滑剂种类、牌号注油，具体要求如下。

① 注油工具（油桶、油壶、油枪）要清洁，不同牌号的油品要分别存放，严禁混杂，特别是废油桶和新油桶要严格区别，不得串用。

② 设备的润滑设施（如油孔、油杯等），均应保持完整干净，防止铁屑、尘土侵入摩擦表面或槽内。

③ 油品在加入前要严格执行"三级过滤"，对不合格的油品不准添加。

④ 操作人员应熟悉和掌握所有的润滑油（脂）的名称、牌号、性能、用途。

（3）定量：按规定的油量注油。

① 循环润滑系统，油箱液体应在规定的最低和最高液位之间的 $1/2 \sim 2/3$，或整个液位指示的 $2/3$ 处。

② 非循环润滑系统，应及时检查，及时添加，保持油液位在指示计的 $2/3$ 处，或浸入 $1/2$ 轴承容积脂（仅对脂润滑而言）。

（4）定人：每台设备的润滑部位有固定的润滑负责人。对本装置设备润滑部位的检查及加油等润滑工作由该岗位外操和班长负责。

（5）定时：指定时加油、定期添油、定期换油和定期检查。

润滑的"三级过滤"是指进厂的合格润滑油在经过几次倒换过

程中的过滤，以杜绝杂质进入油中，一般情况下经过三次倒换，因而需进行三级过滤。对于乙烯装置，一级过滤是从大桶到贮存桶（60 目网），二级过滤是从贮存桶到加油壶（80 目网），三级过滤是从加油壶到注油点（100 目网）。对于黏稠的油品，如 100 号机械油和 220 号齿轮油等，所采用的过滤网目数可降为 40 目、60 目、80 目。

23 润滑剂的作用是什么？

（1）润滑作用：改善摩擦状况，防止磨损，并减少动力消耗。

（2）冷却作用：带走摩擦热，将这些热量传递给外界。

（3）冲洗作用：可带走磨损下来的碎屑。

（4）密封作用：可密封转动的运动件与静止件间的间隙（如有油润滑往复压缩机活塞与缸体间及湿式螺杆机的转子与定子间）。

（5）减振作用：摩擦件在油膜上运动，好像浮在"油枕"上一样，具有缓冲减震作用。

（6）卸荷作用：油膜可将力均匀地传递给另一件上。

（7）保护所用：可以防腐或防尘。

24 密封冲洗系统的作用有哪些？

（1）密封作用：在动静件间的间隙形成液膜，起到密封作用。

（2）冲洗作用：将动静件间的碎屑或杂质冲走，避免密封划伤。

（3）冷却作用：将动静件间的摩擦热带走，避免密封面过热损坏。

（4）收集所用：将被密封介质的漏液收集后，排放到安全地方。

25 泵是如何分类的？

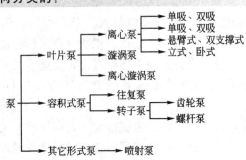

26 往复泵是如何分类的？

（1）按传动方式分：①动力往复泵；②直接作用往复泵；③手动往复泵。

（2）按活塞的结构形式分：①活塞式往复泵；②柱塞式往复泵；③隔膜式往复泵。

（3）按泵的工作方式分：①单作用往复泵；②双作用往复泵；③差动泵。

（4）按缸的位置分：①卧式往复泵；②立式往复泵。

（5）按缸的数目分：①单缸往复泵；②双缸往复泵；③三缸往复泵；④多缸往复泵。

27 压缩机是怎样分类的？

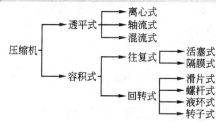

28 什么是密封？密封起什么作用？

能起到密封作用的零部件叫密封件，简称密封。密封的基本作用是阻止工质的泄漏。

29 密封有哪些种类？

机组常见密封有：①迷宫密封；②浮环密封；③机械密封；④充气和抽气密封。

30 浮环密封的工作原理是什么？

浮环密封是一种非接触式的动密封。它的工作原理与动压轴承很相似。向浮环密封中注入一定压力的润滑油使其进入浮环与主轴之间的间隙中，当主轴转速升高到一定程度后，因环能自由浮动，沿主轴旋转方向构成由大到小的楔形间隙，并形成一层强有力的油膜，阻止缸内气体在压差下从间隙通过。由此可见，浮环密封是依靠浮环在浮动过程中与主轴之间形成动压油膜，从而起到密封作用的。

31 什么是机械密封？

机械密封属端面密封。是由两个密封件在垂直于主轴的表面经相互贴合、在流体介质的静压力和弹性力的作用下作相对旋转运动，并在两垂直面间保存一层液膜，从而达到密封目的的机械装置。

32 常用法兰密封面的形式有哪些？

在中、低压化工设备和管道中，常用的密封面形式有三种：①平面型密封面；②凹凸型密封面；③槽型密封面。

33 联轴节的作用是什么？

联轴节又称联轴器，俗称靠背轮。它是机械传动中的常用部件。其基本作用是用来连接不同缸体内的两根转子，使之一起旋转并传递扭矩。

34 轴承的作用是什么？

轴承按其承受载荷的方向不同，分为径向轴承和止推轴承（或叫推力轴承）两大类。径向轴承的作用是支承转子，承受外载荷并保持转子与汽缸同心，使缸内动静部件有正确无误的径向配合间隙；止推轴承的作用是阻止转子在工作状态下的轴向位移，保持动静部件有正确无误的轴间间隙。

35 运行中引起轴承故障的常见原因有哪些？

（1）润滑油量不足或中断。

（2）轴承进油处的旋塞调节不当或被堵塞；回油管路不畅通；油箱油位过低，离心式油泵内有空气而吸不上油，产生空转。

（3）润滑油中含有较大颗粒的机械杂质，滤网过滤效果差，使巴氏合金（甚至止推盘和轴颈）拉毛、刮伤，油膜遭破坏。

（4）径向轴承振动过大，时间长且频繁，引起巴氏合金局部龟裂和剥落，油膜难以形成。

（5）转子因各种原因（如喘振、水冲击、缸体内级间或段间气封严重泄漏等）产生交变轴向推力过大，使止推轴承过负荷甚至烧瓦。

（6）油冷器冷却水量不足或中断，使进入轴承的油温过高，油的黏度下降过多，油膜难以形成，而且轴承中的热量不能带走，严重时出现烧瓦。

（7）油中夹带水或存有空气，使油膜被破坏。

（8）检修质量控制不严，轴承自身遗留问题未解决甚至滋生出新的故障源。

36 轴承温度普遍升高的原因有哪些？

（1）进口总管油温过高。

（2）润滑油总管压力过低。

（3）回油管及回油总管不畅通。

37 泵出口止逆阀一般有旁通阀，有何用途？

（1）该泵备用时，可打开此旁通阀，让物料反窜入泵体内防冻。

（2）停车时，打开此阀倒空泵出口管线内的物料。

38 何为整体法兰、活套法兰、任意式法兰？

整体法兰：法兰与法兰颈部为一整体，或法兰与容器或接管的连接可视为相当于整体结构。

活套法兰：法兰不是直接连在容器或接管上，设计时不认为这种连接方法具有与整体式连接的同等机械强度。

任意式法兰：一般指介于整体与活套之间的法兰。它没有整体法兰那样好的刚性，但要比活套法兰好。

39 容器支座的作用是什么？通常有哪些结构形式？

容器用支座来承托其重量，并固定其位置。在某些场合下，支座还要承受操作时的振动与地震载荷，如容器放在室外，支座还要承受风雪载荷。支座的结构形式很多，主要由容器自身形式来决定。通常分为三种：直立设备支座，卧式设备支座与球形容器支座。

40 怎样强化传热？

（1）增大传热面积　增大传热面积是提高传热速率的一种有效方法。增加单位体积的传热面，使设备更加紧凑、结构更加合理，是强化传热的重要途径，特别是当间壁两侧的传热膜系数相差较大时。目前出现了一些新型换热器，如螺旋板式、板式、板翅式换热器等。

（2）提高传热的温度差　传热温度是传热过程的推动力。显然，过程的推动力越大，过程进行得越快。生产中也常常采用增大温度差的办法来强化传热，在冷热流体进、出口温度一定的情况下，采用逆流操作等，都可以达到提高传热温度差的效果。

41 离心泵的工作原理是什么？

在开泵之前，泵内充满了液体。当叶轮高速旋转时，叶轮带动叶片间的液体一起旋转，由于离心力的作用，液体从叶轮中心被甩向叶轮边缘，动能增加。当液体进入泵壳之后，由于蜗壳形泵壳中的流道逐渐扩大，流速逐渐降低，一部分动能转变为静压能，与此同时，叶轮中心处由于液体被甩出而形成了一定的真空，而液面处的压强比叶轮中心处要高，因此，吸入管处的液体在压差作用下进入泵内。只要叶轮的旋转不停止，液体就连续不断地吸入和压出，这就是离心泵的工作原理。

42 压力容器外部检查内容有哪些？

（1）容器外部的防腐蚀层和保温层是否完整无损，设备铭牌是否完好。

（2）器壁有无变形，过热甚至发生裂纹等可疑现象。

（3）有无泄漏现象，并查明泄漏部位和原因。

（4）检查所有安全附件是否完好、灵敏、可靠，是否超过检验期限。

（5）检查基础与支承等部位是否合格，大型设备注意检查基础是否有下沉和倾斜。对热应力大的连接部位检查是否能自由伸缩。

43 机泵密封大量向现场泄漏的应急处理措施是什么？

（1）外操发现后立即报告值班长指挥调整操作。

（2）外操现场用氮气胶管保护泄漏点。

（3）关闭故障泵出口阀、入口阀、排气线阀门，故障泵从系统中隔离出来。

（4）打开排放阀对故障泵进行倒空操作。

（5）检查备用泵入口阀是否全开，微开出口阀。

（6）联系内操启动备用泵。

（7）内操接到外操报告运行泵故障后，迅速调整工艺指标在范围内，防止由于泵故障导致压力容器超压，造成安全阀起跳。

（8）故障泵处理完毕，投入运行，系统恢复。

44 往复泵在启动前应主要检查哪些内容？

（1）各种附件是否齐全，好用、压力表指示是否为零。

（2）润滑油箱内的油量和油质是否符合要求。

（3）连杆和十字头的有关紧固螺栓，螺母是否松动。

（4）进出口阀门的开关位置是否正确。

（5）疏水阀和放开阀是否打开，润滑油孔是否畅通。

45 有备用再沸器停车交付检修前，应注意什么？

备用再沸器工艺侧存有工艺物料。因此停车后，排液泄压时，必须考虑到存有的工艺物料。

46 疏水器投用前应注意什么？

投用疏水器前，应该确认疏水器的换热器和管线已冲洗干净，没有堵塞危险。

47 什么是气穴现象？什么是气蚀现象？产生这两种现象的后果怎样？

离心泵运转时，进入泵内的液体被叶轮甩向泵壳边，于是就使叶轮进口处的压力很低，若此压力降至等于或低于该温度下所输送介质的饱和蒸气压时，液体就会沸腾汽化，产生大量气泡。同时原来溶于液体中的气体将析出，这些气泡随液体流到叶轮压力较高处气泡重又凝结，在凝结过程中由于体积急剧缩小，四周的液体以极大的速度冲向这个凝结空间，使泵内造成冲击振动和噪声，这就是气穴现象。新产生的气泡中，还有一些活泼气体（氧气）借助气泡凝结消失时放出的热对金属有化学腐蚀和机扭剥蚀的共同作用，加快了叶轮的损坏，这就是气蚀现象。气穴和气蚀是一个根源引起的两种不同的后果，前者表现为对操作的危害，后者则反映出对设备损坏的特征。

48 什么是离心泵的流量、扬程、允许吸入高度、轴功率？

流量：单位时间内输送液体的体积，m^3/h。

扬程：即压头，表示每公斤液体在泵中所获得的能量，以米液柱表示，它表示泵出入口压强差。

允许吸入高度：吸入液面到泵出入口的垂直距离。

轴功率：泵轴对流体做功所耗的功率。

49 为什么泵的入口加过滤器？出口要加止逆阀？

加入口过滤器的目的是防止吸入液体中带的固体杂质对泵的叶轮造成损坏。加出口止逆阀的目的是防止因泵的前后压力差而造成倒液，特别是自启动泵在备用时，出口、入口阀全开，如无止逆阀则会引起泵的反转，损坏设备。

第三章 ▶ 裂解工序

第一节 裂解炉的性质特点

1 裂解工序的工作任务有哪些？

　　裂解区是乙烯装置主要组成部分之一，其能耗占装置能耗的70%～85%，其具体数值根据裂解原料、裂解炉的先进性及工艺流程等因素决定。

　　裂解工序是将石油系的烃类原料在高温条件下，发生碳链断裂或脱氢反应，生成烯烃及其他产物。以生产乙烯、丙烯为主，同时还副产丁烯、丁二烯等烯烃和裂解汽油、柴油、燃料油等产品。这些组分在裂解温度下，其化学热力学状态是很不稳定的。在高温区停留时间稍长，就要发生二次反应，使烯烃的收率降低，重质焦油量增加。因此，为了提高裂解反应目的产物的收率，并有利于裂解操作的正常进行，需要采取有效的工艺措施。生成的裂解气要迅速冷却，以防止二次反应的发生，并回收裂解气的热量，使裂解气在常温下进入裂解气压缩机。

2 什么是操作弹性？

　　操作弹性是指最大允许负荷（负荷上限）至最小允许负荷（负荷下限）的范围，称为操作弹性。

3 什么是热虹吸？

　　汽包和换热器或者塔釜和再沸器，通过液位的压力差，使得液相进入换热器调和，气相进入塔或汽包的一种连续的自然对流现象。

4 裂解炉的作用是什么？

在高温条件下，让原料发生脱氢、断链等化学反应，生成较小分子的碳氢化合物。其目的是获得大量的乙烯、丙烯、丁二烯等有机化工原料。

5 管式加热炉有哪些特点？

管式加热炉有以下特点。

（1）被加热的物体在管内流动，故仅限于加热气体或液体，而且这些流体通常都是易燃、易爆的烃类物质。同锅炉和蒸汽炉相比，危险性更大，操作条件苛刻。

（2）加热方式为直接受火式，有双面和单面辐射。

（3）只烧液体或气体燃料。

（4）长周期运行，不间断操作。

6 表征裂解原料性质的参数有哪些？

表征裂解原料性质的参数有：烃组成、族组成（PONA）、氢含量和碳氢比、平均分子量和平均分子式、相对密度和 API、特性因素和关联指数 BMCI。

7 作为裂解原料，原料馏程应窄些还是宽些？为什么？

作为裂解原料，原料馏程应当窄一些，这样便于选择最佳的裂解工艺条件，如果馏程太宽，其中的轻组分尚未达到最佳裂解深度，而轻重组分又过度裂解，因而原料不能合理利用，造成装置生产能力降低。

8 衡量裂解深度的指标有哪些？

衡量裂解深度的指标有：原料的转换率、乙烯对丙烯收率比（P/E）、甲烷收率、甲烷对丙烯的收率比、液体产物的氢碳原子比、C_3 及较轻组分收率、出口温度、裂解深度函数、动力学裂解深度数（KSF）。

9 裂解炉最佳裂解温度一般以什么指标来确定？

一般以 C_5 以上馏分含氢量作为衡量裂解深度的指标之一。随着裂解深度的增加，C_5 馏分中的含氢量下降。对轻柴油原料裂解来说，裂解产物中 C_5 以上馏分氢含量应控制在 8% 以上，以石脑油为原料的裂解产物中的 C_5 以上馏分氢含量应控制在 7% 以上。

10 影响裂解反应进行程度、产物分布的因素主要有哪些？

（1）化学因素：温度、烃分压、停留时间等。

（2）化工因素：热强度、压力降等。

（3）几何因素：管径、管长、径长比、面积容积比等。

11 裂解反应的停留时间有哪几种表示方法？

具体的停留时间有：

（1）真实停留时间；

（2）表观停留时间（又称整体停留时间）；

（3）当量停留时间；

（4）平均停留时间（又称积分停留时间）。

12 稀释蒸汽主要作用有哪些？

（1）降低烃分压，提高乙烯收率。

（2）防止炉管内结焦。

（3）稳定裂解温度。

（4）脱除结焦。

13 用水蒸气作为稀释剂的优点有哪些？

水蒸气作为稀释剂除了可降低烃分压、提高乙烯收率、减轻结焦程度之外，还具有以下作用。

（1）水蒸气的热容量较大，可以稳定裂解温度。

（2）易于分离，可循环使用，减少环境污染。

（3）抑制原料中硫对炉管的腐蚀作用。

14 饱和蒸汽、过热蒸汽的压力和温度之间有何关系？

饱和蒸汽压力一定温度也一定，并且压力变化，温度也随之变化。过热蒸汽温度高于同压力下饱和蒸汽的温度。

15 当裂解炉投料量降低时，稀释蒸汽量应降低还是增大？为什么？

当裂解炉投料量降低时，稀释蒸汽量应相应地提高。这是因为，烃进料量降低后，物流在炉管中的流速减慢，停留时间延长，增加了结焦趋势。为防止这种情况，稀释蒸汽量应相应提高。

16 裂解炉废热锅炉的作用是什么？

迅速冷却辐射段出口的裂解气，以终止二次反应的进行，同时回收高品位的热量，产生高压蒸汽。

17 烘炉目的是什么？

通过缓慢加热，均匀脱去炉内耐火材料的表面水分及内部结晶水，以免炉子在使用过程中，由于水分突然汽化而造成耐火材料出现裂缝甚至倒塌。

18 决定裂解炉清焦的指标是什么？

(1) 辐射段炉管表面温度达到 1100℃。

(2) 文丘里喷嘴出入口压力比接近 0.9。

(3) 炉出口压力达到 0.35MPa。

(4) TLE 出口温度达到规定值。

19 什么是渗碳？

在高温状态下，炉管内部的碳逐渐被吸收到金属中，使金属中的 C 含量增加，导致增碳部分的金属体积增大，膨胀系数发生变化，产生高的内应力。

20 裂解反应的主要特点是什么？

(1) 高温下所进行的强吸热反应。

(2) 低烃分压。

(3) 短停留时间。

(4) 反应产物复杂（气、液、固三相）。

21 向原料中注硫的工艺目的是什么？

向原料中注硫是为了防止炉管渗碳、减少 CO、CO_2 的产生。

22 乙烷炉为何要注硫？

由于分离系统返回的乙烷、丙烷物料中不含硫，注入适量的硫后可控制炉管内表面的渗碳作用，并能有效地减少裂解气中 CO 含量，因此乙烷炉进料中要注硫。

23 乙烷炉的结焦机理是什么？

乙烷炉的结焦机理是：裂解过程中生成的乙烯在高温下进一步裂解、脱氢，经过乙炔阶段而生炭的过程。

24 NAP 和 AGO 的结焦机理是什么？

NAP 和 AGO 的结焦机理一方面是由于烯烃生成乙炔而产生生炭反应，另一方面是经过芳烃阶段而结焦。由于 NAP 和 AGO 中会含有一定量的芳烃物质，这一类物质在 300℃ 以上就可以生成联苯，在 400～500℃ 以上的温度下脱氢缩合成多环烃，并可以进一步脱氢缩合而结焦，成为一个高分子量的焦炭。

25 烯烃在裂解过程中可能发生的反应有哪些？

烯烃在裂解过程中可能发生歧化反应、二烯合成反应、芳构化反应、断链反应。

26 环烷烃在裂解过程中可能发生的反应有哪些？

环烷烃在裂解过程中可能发生断链反应、异构化反应、缩合反应、脱氢反应。

27 各台裂解炉急冷器前最小返回线起什么作用？

各台柴油裂解炉在急冷器闸阀前设置一条急冷油最小返回线，QO 返回汽油分馏塔。其目的是由于 QO 黏度较高，如果在裂解炉停车，急冷器停止使用，不打开最小返回线各炉急冷油总管有可能发生堵塞。正常操作时，要保持 QO 最小返回线处于畅通。

28　重油裂解为什么采用二次注汽？

利用过热的稀释蒸汽，在混合器内将原料完全汽化，可以避免原料在对流段结焦，并减慢废热锅炉的结焦速度。

29　裂解原料中芳烃含量高，对结焦反应有何影响？

原料中的芳烃物质在 300℃ 以上时，就会发生脱氢反应、缩合反应而生成焦炭。原料中芳烃含量高，则易在裂解炉的各个部位形成芳烃结焦母体，从而加快结焦速度。

30　裂解气中的酸性气体有何危害？

（1）硫化氢腐蚀设备和管道。

（2）硫化氢使干燥器缩短寿命。

（3）硫化氢使脱炔催化剂中毒。

（4）二氧化碳在低温操作设备中会结成干冰，堵塞设备和管道。

（5）二氧化碳对后面系统的合成、聚合也有危害。

31　什么是裂解炉的备用系数？

裂解炉的备用系数是指炉区内备用裂解炉的生产能力占炉区总生产能力的百分比。

32　衡量裂解炉热性能的指标包括哪些？

衡量裂解炉热性能的指标包括辐射段炉管热强度，热负荷及辐射段/对流段热负荷比，底部供热与侧壁供热比，燃料消耗定额，排烟温度，散热损失，热效率。

33　影响裂解炉管结焦的因素有哪些？

影响裂解炉管结焦的因素有原料性质，裂解温度，停留时间，烃分压，炉管材质。

34　目前工业装置上广泛采用的辐射段炉管构型有哪四种？

辐射段炉管构型包括不分支等径管，分支变径管，不分支变径管，单程小直径管。

35 **炉管设计成入口为小管径，而出口为大管径的依据是什么？**

反应初期，转化率尚低，物流体积增加不大，结焦量小，小管径引起的压力降不大，对烃分压影响小，同时小管径的比表面积大，可以实现快速提温。

反应后期转化率高，体积增大较多，出现结焦现象，仍采用小管径将引起严重的压力降，同时此时对热强度的要求也不高（物料已接近裂解温度），故采用较大管径，以延长操作周期。

36 **裂解炉大型化具有哪些优点？**

（1）可节约投资。

（2）炉子数量少，便于管理、维修。

（3）更有利于实现优化控制。

（4）操作费用相应降低。

37 **炉管内结焦给操作带来哪些不利影响？**

裂解过程中高温条件下生成的结焦是热的不良导体，会增大传热阻力，为实现同等裂解深度，必须提高炉管外壁温度。同时结焦后炉管内径变小，流体压降增大，甚至堵塞炉管。焦层的产生及清焦次数的增加，会对乙烯及副产品产量、燃料消耗、炉管寿命带来不利影响。

38 **急冷器（废热锅炉）内结焦的原因是什么？**

一是 TLE 入口部分的裂解气流动紊乱，部分气体经过较长时间的停滞发生二次反应促使焦炭生成；二是裂解气经充分冷却，高沸点组分冷凝在传热管壁，缓慢进行脱氢聚合反应，逐渐重质化，相继变为焦油状或焦炭状物体。

39 **除蒸汽热裂解制乙烯外，其他制乙烯的新工艺有哪些？**

制备乙烯的新工艺包括：甲醇制乙烯、催化裂解制乙烯、生物乙醇制乙烯、甲烷制乙烯、合成气制乙烯及其他。

40 **稀释比过大有什么缺点？**

稀释比过大会导致蒸汽消耗增加，裂解炉生产能力下降，影响急冷温度，急冷剂用量加大使能耗增加。

41 **在乙烷和丙烷混合裂解时，选用乙烷、丙烷二者中哪个用来计算转化率更合理？**

应选用丙烷，因为在裂解过程中几乎不生成丙烷，而丙烷在裂解过程中有部分乙烷产生，因此选用丙烷计算混合裂解的转化率更合理些。

42 **用来衡量裂解深度的参数有哪些？**

衡量裂解深度的参数有原料转化率，甲烷收率，乙烯/丙烯，甲烷/丙烯，液体产品的含氢量，碳三及以下组分收率，出口温度，动力学深度函数。

43 **调节硫注入量大小的依据是什么？**

注入量调节依据是碱洗系统 CO 含量测定值大小，CO 含量偏高适当增加硫的注入，反之减少。

第二节 裂解炉的燃料系统

1 **裂解炉所用燃料的主要来源有哪些？**

裂解炉燃料的主要来源有：分离系统提供的 CH_4、H_2；界区提供的 LPG、抽余 C_4 或 C_3；燃料油 C_9、PGO 或裂解汽油；其他系统排放的各种尾气。

2 **可能导致裂解炉侧壁烧嘴发生回火的原因有哪些？**

可能导致裂解炉侧壁烧嘴发生回火的原因有：喷嘴结垢、燃料气压力偏低、燃料气带液。

3 **烧嘴发生脱火的原因是什么？怎样处理？**

当烧嘴喷出可燃物与空气的混合物的速度大于脱火极限时，就有可能发生脱火现象。火焰脱离喷头的距离与助燃空气有关。风量越大，则脱离喷头的距离越大，燃烧越不稳定。减少助燃空气是解决脱火的方法。

4 **烧嘴发生回火的原因是什么？怎样处理？**

发生回火的主要原因有以下几个方面。

（1）燃料气压力低，使得可燃混合物的流速较低，当低于火焰传播速度时，就会产生回火现象。处理方法是：停用烧嘴，待烧嘴喷头冷却后，提高燃料气的压力，再投用。

（2）FG 烧嘴的管线堵塞。处理方法是：停用烧嘴，清理喷嘴和管线，完毕后，再投用。

（3）燃料气组成变化。如果重质燃料较多或有液体夹带，则可对 FG 组成进行调整，排除液体。烧嘴要停用，冷却后再投用。

5 **烧嘴喷头漏油的原因是什么？**

烧嘴喷头漏油的原因主要有以下几个方面。

（1）烧嘴雾化不良。雾化蒸汽较少，使烧嘴喷头出口有大颗粒的油滴。

（2）燃料油温度低或有不易雾化的重质焦油，使油烧嘴淌油。

（3）燃料油和雾化蒸汽中有水。

（4）油压突然升高或蒸气压力降低。

6 **油烧嘴点不着火的原因是什么？**

（1）油温偏低或油黏度太大。

（2）油或雾化蒸汽中带水。

（3）供风量太大。

（4）蒸气压力太高。

遇到这种情况，要及时分析处理，查找原因。油温过低油过黏，则可提高油温。油和蒸汽带水，则需进行脱水。供风量太大，关小二次风门。如蒸气压力太高，将油封住，则可以调整雾化蒸汽的开度，控制其压力。

7 为什么裂解炉有时提燃料量时，炉 COT 反而会下降？

裂解炉是通过燃料的燃烧提供所需的热量，当裂解炉膛中氧含量过低则燃料会不完全燃烧，部分燃料未参与燃烧或生成 CO，这样燃烧的发热量就降低，自燃炉 COT 就可能会下降。

8 裂解炉油-气联合烧嘴的特点是什么？

油-气联合烧嘴有以下特点。

（1）操作灵活性。可单独烧油，也可单独烧气。某些油-气烧嘴可既烧油又烧气。

（2）在油气混烧时，要有一定的比例，以一种燃料为基定，另一种燃料来控制热负荷。

（3）调风挡板以及风道是以一种燃料的最大量进行设计的，在两种燃料进行燃烧时，会出现燃料火焰过长，供风不足的现象。

9 影响裂解炉横跨段温度的主要因素有哪些？

影响裂解炉横跨段温度的主要因素是过量空气、裂解原料、进料量。

10 什么是双面辐射？什么是单面辐射？

炉管两侧均受到高温火焰和炉墙的辐射叫双面辐射。如各裂解炉辐射段炉管受到的就是双面辐射。

炉管一侧受到高温火焰辐射而另一侧受到炉墙反射，这种方式叫作单面辐射。如蒸汽过热炉辐射段 SS 过热盘管就属于单面辐射。

11 底部烧嘴为何冒烟？

底部烧嘴冒烟的原因如下。

（1）油嘴定位不准。

（2）雾化蒸汽温度低。

（3）燃料油压力低。

（4）雾化器损坏。

（5）烧嘴头堵。

(6) 燃料油温度低。

(7) 雾化蒸汽流量不足。

(8) 雾化蒸气压力不足。

(9) 空气不足。

12 燃油烧嘴的雾化蒸汽起什么作用？

燃油烧嘴在其运行中，需配注一定量的雾化蒸汽。加入了雾化蒸汽可使油颗粒变成直径只有几十到几百微米的雾状油滴，使其表面积明显增大（可增加数千倍），这样每个油滴在空气的包围下，形成一个燃烧面，油的燃烧就更充分、更完全，燃烧才能更加稳定。另外，加入了雾化蒸汽后，使油的温度提高，油更容易着火。烧嘴内加了蒸汽，使油气的喷出速度提高，燃烧的扩散作用加强。

13 油火嘴燃烧状态何为良好？

(1) 火焰明亮，气烧嘴火焰铺炉墙。

(2) 烧油时要求火苗齐、短，火焰稳定，禁止出现"冒烟"现象。

14 正常运行的裂解炉炉管表面有亮点，其原因是什么？如何消除？

原因是炉管内局部结焦比较多，因此产生过热点。

可以通过熄灭对应的烧嘴或降低炉出口温度加以消除。

15 看火孔有何作用？

看火孔的作用是用来观察辐射段室内燃烧器的燃烧火焰的颜色、形状以及燃烧器的状况。此外，看火孔还用来对炉管、弯头、吊耳、炉墙、火盆砖等炉体部件进行观察，检查在运行过程中是否有变形、烧坏、卡阻等异常现象。

16 点火前应做哪些准备工作？

(1) 检查燃料系统考克及导淋是否全关。

(2) 拆除燃料气主截阀下游盲板。

(3) 调节阀下游充 N_2 至高、低联锁值之间或将联锁信号切除。

　（4）其他联锁信号调至正常或切除。

　（5）实气置换并分析合格。

　（6）关闭挡板启动引风机。

　（7）炉膛测爆合格后点火。

17 侧壁烧嘴燃烧状态不好，有何原因？如何处理？

侧壁烧嘴燃烧状态不好的原因及相应的处理措施如下：

① 燃料气压力低，应相应提高燃料压力。

② 风门开度不当，应适当调节风门。

③ 管线或烧嘴有堵塞现象，应对管线或火嘴进行清理。

④ 烧嘴变形，应更换烧嘴。

18 油烧嘴与气烧嘴之间如何切换？

　（1）检查 FO 管线导淋及考克阀关闭，拆除盲板。

　（2）检查油枪安装情况。

　（3）将联锁信号调至正常范围或切除。

　（4）打开截阀及压控阀、系统建立循环。

　（5）开 LS 阀暖管、暖枪。

　（6）开 FO 阀由长明线将其点燃。

　（7）调整火苗燃烧状态至最佳状态。

　（8）关闭相应的 FG 阀。

19 调整裂解炉各组进料量趋于一致的方法有哪些？

控制好各组炉管对应烧嘴风门的开度、控制各烧嘴考克开度、调整负压、烟气氧含量在正常值、调节侧壁偏差调节器。

第三节　裂解炉的调节方式

1 如何延长裂解炉运转周期？

① 避免紧急停炉。

② 保证适宜的 PS 配比。

③ 保证烧嘴良好的燃烧状态，使得热量分布均匀，避免炉温出现过大波动。

④ 尽可能保持负荷的稳定性。

⑤ 在硫含量低的物料中注入 DMDS。

2 **紧急停车对裂解炉有哪些危害？**

在紧急停车中，因燃料中断，造成炉膛温度急剧下降极易造成炉管内焦层脱落，严重时炉管变形，同时对炉内耐火衬里可能造成损坏，而且对其他岗位操作也会带来不同程度影响，因此应加强监盘和巡检，尽可能避免紧急停炉事故发生。

3 **汽包液位过低或过高会出现什么问题？**

汽包液位过低会造成 TLE 出口温度上升，即换热效果差，严重时造成 TLE 干锅。汽包液位过高，锅炉水会溢流至 HS 总管，造成 HS 温度急剧下降，容易损坏对流段管束，同时对用户不利。

4 **停留时间对裂解反应有什么影响？**

停留时间是指从裂解反应开始到结束的时间。

停留时间过短，一次反应没有完全发生，达不到设计裂解深度；停留时间过长，二次反应增加，加大结焦程度。因此需选择一次反应尽量完全而二次反应尽量减少的最佳停留时间。

5 **什么是横跨温度？它如何影响裂解反应进行？**

横跨温度是指裂解原料经过对流段预热进入辐射段的温度，也可以说是裂解反应开始的温度。

横跨温度太高，裂解反应将在对流段内进行，这是绝不允许的。而横跨温度太低，一部分辐射炉管被作为预热段，影响到反应停留时间，从而影响实际裂解深度。

6 **什么是烃分压？它如何影响产品分布？**

烃和稀释蒸汽混合气体的压力称为总压，而将其中烃的压力称为烃分压。降低烃分压可以减少二次反应发生的机会，减轻结焦，提高了反应的选择性，因此有利于反应向有利的方向发展。过高则不利于向目标方向进行反应。

7 稀释比指什么？它有什么作用？

稀释比是指稀释蒸汽与原料烃质量流量之比值。

增加稀释比相当于减少烃分压，可提高有用产品收率，防止结焦。但是过大，增加能耗，降低生产能力，这是不利的。因此要控制一定比值，一般来说随原料变重，稀释比相应增加。

8 为什么裂解反应要在低烃分压下进行？

从化学平衡看，烃裂解反应是一个分子数增加的过程，对于脱氢反应，降低压力有利于向生成乙烯的方向进行，不利于二次反应的进行。从动力学上来看，低烃分压，虽然能使一次反应和二次反应的速度都降低，但对二次反应速度的影响比一次反应要大得多，即可提高一次反应对二次反应的相对速度。所以说裂解反应要在低烃分压下进行，以减少二次反应的进行。

9 为什么裂解炉点火升温到 200℃ 时才可以通入稀释蒸汽？

稀释蒸汽的饱和温度一般在 180℃，在低于此温度时通入稀释蒸汽会使蒸汽在炉管内冷凝，造成水击现象，使炉管损坏甚至断裂；如果温度过高，会出现局部过热现象，通入稀释蒸汽后，也会造成炉管断裂。

10 裂解深度的含义是什么？如何表示？

裂解深度是指某种裂解原料进行裂解反应进行的程度。

若提高裂解深度，转化率提高，产气率高，焦油含氢低，因此它可用原料烃转化率，乙烯、丙烯收率比，丙烯对甲烷比，焦油含氢量，出口温度等指标表示，也可用裂解深度函数和动力学裂解深度函数表示。

11 烟气温度控制多少较好？为何？

烟气温度一般控制在 $100\sim130℃$。

若温度过高，对流段将会过热而损坏，同时烟道挡板容易卡住，对引风机也有不利之处，能量消耗大，炉效率低，温度过低特别是低于100℃以下时，烟气中的酸性物质会在对流段内遇水而显酸性，造成设备腐蚀。

12 **烟气中氧含量控制在多少为宜？为何？**

烟气中氧含量一般控制在2%～3%为宜。

氧含量过高，空气量过高，浪费燃料，同时使热量上移，会使对流段炉管过热而氧化，损伤对流段炉管。

氧含量过低，空气量不足，燃烧不充分，同样会浪费燃料，同时因燃烧不充分产生CO，会在对流段产生二次燃烧，亦会损坏炉管。

13 **什么是炉出口温度？它如何影响裂解产品分布？**

炉出口温度（COT）是指裂解原料在辐射段内裂解进入急冷锅炉（TLE）前的温度，因为该点温度测点一般设置在炉子出口的一根盘管上，所以称炉出口温度。

在原料烃组成不变横跨温度基本恒定及一定停留时间下，它可以认为是某种裂解深度的指标，是裂解操作中最为重要的工艺参数。炉出口温度提高，意味着裂解深度的提高，它可以影响到乙烯、丙烯等产品的转化率。一般情况下，温度提高，乙烯量增加，而丙烯量减少，反之亦然。因此为了确保主要裂解产物的收率，炉出口温度控制在最小波动范围内。

14 **如何提高单台炉的开工率？**

单台炉开工率＝运行周期天数÷（运行周期天数＋清焦、检修天数）

一般清焦、检修天数变化不大，因此提高开工率主要是延长运行周期天数，而运行周期天数的长短主要受裂解炉、废热锅炉的结焦而引起的炉管表面温度、废锅出口温度及压差的制约，因此操作上应尽量防止炉管出现局部过热加剧炉管和废锅的先期结焦。工艺方面应选择一个合适的裂解深度。此外仪表指示与实际应保持一致。当升到一定水平后还可移动结焦位置。总之，提高单台炉开工率是反映操作水平高低的一个标志。

15 **如何做好裂解炉的节能降耗工作？**

（1）减少风机的空转运行。

（2）减少 HS 放空时间，能够并网就并入管网。

（3）工作安排要紧凑，减少蒸汽开车时间。

（4）调节炉膛负压和火嘴风门，降低烟气中氧含量。

（5）利用吹灰等手段降低烟气排放温度。

（6）尽可能投用油烧嘴，节省液化气使用量。

（7）减少汽包排污量。

16 **如何强化乙烷炉的操作与管理？**

乙烷炉由于其操作条件较为苛刻，因此设备易损伤，加上负荷经常变化，若不及时调整操作，将会加剧炉管结焦速度，恶化操作条件，因此要重视乙烷炉的操作和管理。具体内容包括：选择一个适宜的裂解深度即炉出口温度，在负荷低的情况下适当增加一些稀释比，管理上应加强注硫量的调整，加强炉管表面温度的测定，同时要加强在线分析仪表的使用及维护。

17 **裂解炉投油完毕后注意什么？**

（1）检查烧嘴燃烧状态良好。

（2）检查各组炉管出口温度，使其偏差尽可能小。

（3）检查 DS 配比是否按规定注入。

（4）调节烟气氧含量在规定范围内。

（5）检查炉管有无过热部分。

（6）注意横跨温度，调整侧壁、底部火嘴热分布。

18 **引起炉出口温度波动的因素有哪些？**

（1）燃料气压力及其组成。

（2）原料油压力及组成。

（3）稀释蒸汽注入量。

（4）火嘴燃烧状况。

（5）调节阀使用状况。

（6）其他岗位的运行情况。

19 烟气排放温度过高如何调节？

（1）调节风门挡板开度。

（2）使用吹灰器吹灰。

（3）开大 BFW。

（4）调节烧嘴燃烧状态。

20 如何提高炉子"三率"？

（1）保证原料符合要求。

（2）优化操作，即要选择性裂解。

21 蒸汽开车状态指什么？

蒸汽开车是指裂解炉出口温度已达 800℃，炉出口蒸汽已切入油洗塔，急冷器投用，蒸汽系统产生高压蒸汽并处于正常运行状态，稀释蒸汽流量达到正常值。

22 如何提高裂解炉热效率？

（1）设计方面：合理排列对流段物料管束分布，选择良好的火嘴及吹灰装置，炉墙防热效果最佳。

（2）操作方面：保证火嘴燃烧处于最佳状态，降低烟气排放温度及烟气中 CO 和 O_2 含量。

23 烘炉操作如何进行？

（1）严格控制升温速度在规定范围内，在炉膛温度升到 480℃ 之前升温速度控制在 $<15℃/h$ 以内，480℃ 以后控制在 30℃/h 之内。

（2）保证恒温时间长于规定值，120℃、480℃ 时恒温 48h 以上。

（3）烘炉过程中按点火顺序点火，保证炉内受热均匀。

（4）恒温过程中按规定切换火嘴。

24　如何调节烟气温度？

通过下列手段调节烟气温度：

（1）调节风门；

（2）调节底部、侧壁燃料配比；

（3）开关观火孔；

（4）使用吹灰器；

（5）调节 BFW 排污量。

25　如何调节烟气氧含量？

氧含量可通过控制风门开度及炉膛负压来调整。开大风门，提高负压均可使氧含量增加。

26　锅炉给水自动调节阀失控，在不影响生产前提下如何处理？

（1）由现场调节阀跨线及排污量大小来暂时控制汽包液位。

（2）以现场液位计为准调节汽包液位。

（3）联系人员立即修理，修复后投用。

27　裂解炉出口流程如何由清焦线切至油洗塔？

关闭两个 PA 线截阀，用所获得的钥匙打开安全阀下游截阀获得钥匙，在检查裂解气主闸阀前无凝液之后，室内投用超驰开关，再用钥匙启动清焦电动阀，视压力增长情况打开裂解气主闸阀，利用钥匙打开急冷油主截阀，喷入急冷油，打开或关闭相应的防焦或吹扫蒸汽。

28　炉管上、下温差超过 30℃ 的原因何在？应如何调节？

原因可能是：

（1）烧嘴选型不当；

（2）燃料油选用不当；

（3）风门调节不当；

（4）烧嘴燃烧不好或结焦。

处理措施：重新考虑烧嘴选型及燃料油组成调整，调节风门开度或清理、更换烧嘴。

29 **为什么废热锅炉出口温度在刚开始投用时会迅速上升？**

废热锅炉刚投运时，由于套管内壁温度接近于汽包内水温，高温裂解气一进入废热锅炉迅速被冷却，部分重质馏分为先期结焦，因此一开始温度低。看上去温度迅速在上升，其实上升到一定温度后，这些重质馏分不再被冷凝下来，二次反应现象减轻，出口温度也就平稳上升。

30 **裂解炉出口流程切换过程中应注意什么？**

（1）切换过程中应按照机械联锁设施所规定的顺序开、关相应阀门。

（2）机械联锁阀在联锁钥匙取出后应检查其严密性。

（3）切换过程中室内、外必须及时取得联系。

（4）切换前室内必须启动 HS0X02 超驰开关。

（5）检查裂解气闸阀前存水是否排净。

（6）切换过程中必须保证阀前压力高于下游系统压力。

（7）切换结束后正确开、关吹扫、防焦蒸汽。

31 **冬季裂解单元操作应注意哪些？**

（1）保证系统伴热好用。

（2）蒸汽系统的疏水器好用。

（3）冷却水及急冷水用户出入口跨线保持一定开度。

（4）采样点、泵用冷却水应保持流动状态。

（5）高温介质的泵应处于备用暖机状态。

（6）蒸汽或水管线调节阀应保持一定开度。

（7）重质油管线要保持一定流通量，防止长时间不流动而凝固。

（8）闲置管线内物料应导空并用氮气吹扫干净。

32 **裂解炉联锁停车后，哪些阀门动作？如何动作？**

（1）两侧进料调节阀关闭。

（2）燃料气主联锁阀关闭，放火炬阀打开。

（3）燃料气两侧压控阀关闭。

（4）燃料油主联锁阀关闭。

（5）燃料油两侧压控阀关闭。

（6）长明线压控阀关闭，放火炬阀打开。

33 汽包出现干锅现象怎么处理？

汽包出现干锅时，千万不能匆忙投水，否则会造成废锅爆裂现象，此时裂解炉应该快速降温，在对流段打开观火孔，用外界空气冷却对流段管束，增加 PS 量，使炉膛温度降至 400℃ 以下之后方可通入 BFW。

34 锅炉给水突然中断，应如何处理？

锅炉给水中断将造成所有裂解炉给水中断，必须立即处理，否则将会给裂解炉对流段炉管、废热锅炉带来严重影响。

（1）停止汽包的间歇排污和连续排污，尽可能维持汽包液位。

（2）为尽可能保持各级别蒸气压力，应停止蒸汽输出，并降低各设备的蒸汽消耗。

（3）尽可能连续回收各种凝液。

（4）烟道挡板开到最大，各烧嘴风门全部打开。

（5）初期阶段维持正常 PS 流量。

（6）联系有关部门尽快恢复。

（7）长时间无法恢复应降温度操作，汽包液位下降过快，可手动停车处理。

35 裂解原料突然断料将如何处理？

（1）在进料液位及压力联锁信号投用条件下，原料突然中断，裂解炉将自动联锁，此时应：

① 提高 PS 量；

② 开大烟道挡板；

③ 现场关闭所有燃料气、燃料油烧嘴考克及雾化蒸汽根部阀；

④ 根据原料恢复情况，决定是否关闭进料截阀，单台炉维持

蒸汽开车状态或改为其他原料裂解。

（2）联锁信号未投用情况下：

① 提高 PS 量；

② 开大烟道挡板；

③ 降低燃料气、油压力；

④ 现场灭火嘴，控制好降温速度；

⑤ 万不得已情况下手动停车再做二次处理。

36 **为什么要严格控制高压蒸汽的质量？**

严格控制高压蒸汽的质量主要是为了保证蒸汽透平的正常运行，减少蒸汽透平系统叶片及复水器、泵等的结垢、腐蚀。

37 **裂解炉炉管泄漏如何处理？**

如果发生炉管泄漏，首先要仔细观察并正确判断炉管破损泄漏的程度，如果仅仅在炉管外表面出现小火花，则一般情况下可维持操作。因为小火焰不至于造成炉管表面局部过热，可在停炉烧焦后进行处理。如果火焰很大，并且和其他炉管接触，则要考虑停车，停止原料供给进行烧焦。无论炉管泄漏到何种程度，都要密切注意炉管的运行状态，防止事故扩大。

38 **裂解炉烧焦时稀释蒸汽的作用是什么？**

在烧焦过程中通入稀释蒸汽作用是：

（1）可以降低烧焦物料中的氧含量，减慢烧焦速度，并将烧焦过程中产生的热量及时带出，不致因温度上升过快而损坏炉管；

（2）水蒸气可与焦粒反应，使焦粒变成 CO 而除去；

（3）通入稀释蒸汽还可以将焦粒带出系统，起到清焦作用。

39 **裂解炉的进料量为什么不能过高？**

当出口温度控制不变时，提高烃的进料量必然增加热负荷，相应提高了炉管管壁温度，而炉管材质限定了最大安全工作温度，因此运行周期将缩短。热负荷增加对流段烟气温度将上升，同时要受到对流段材质极限温度的影响，影响到炉管的使用寿命。所以，最大进料量不应超过设计量的 100％。

40 裂解炉的进料量最低不能低于多少？为什么？

进料量不应低于设计量的 70％，进料量的变化将导致裂解炉停留时间的改变，进料量降低，停留时间将增加，因此裂解深度随之增加。如不改变出口温度，可能导致过度裂解，从而使结焦和生炭量增加。因此，必须降低出口温度，避免过度裂解，稀释蒸汽量到设计值的 100％或更大些。

41 裂解反应对一次反应和二次反应有何影响？

提高裂解反应温度，从反应速度来看，一次反应的活化能高于二次反应的活化能，温度高，一次反应在动力学上占有较大优势，但从热力学角度看提高反应温度有利于生产更多的乙烯产品，即一次反应转化率高。但由于二次脱氢反应在热力学上占有更大的优势，所以在讨论反应温度时，必须要和反应停留时间相结合。提高反应停留时间，才能提高乙烯收率，抑制二次反应的进行。

42 从乙烯装置全局的角度来看，高温裂解气的余热利用体现在哪里？

高温裂解气余热可用于驱动透平、发生稀释蒸汽、原料预热、给分离部分做低位热源。

第四节　裂解炉的设备维护

1 风机是怎样分类的？

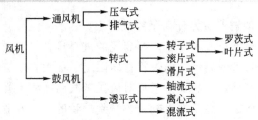

2 裂解炉在烧焦时为什么要分步提高空气量？

因为烧焦是一个剧烈的放热反应，如果烧焦初期空气量过大，炉管会因反应物浓度过高，热量来不及释放出去而烧坏。

3 裂解炉对流段采用翅片管的目的是什么？

采用翅片管能增加传热面积，提高炉子的传热效果和热效率，翅片管相当于光管面积的 4～9 倍，热强度相当于光管的 2～4 倍。

4 废热锅炉初次使用前为什么要进行化学清洗？

新制造的设备内部含有一些油脂、氧化硅、污垢、沙土等杂质，应用碱液将杂质除去，使其内壁清洁光滑，同时形成保护膜，保证蒸汽质量。

5 废热锅炉封头为何要作热把紧？怎样进行？

由于金属法兰与螺栓、螺母间材质等各方面原因，在不同温度下，伸缩系数不同而产生不同程度的变形，容易泄漏介质，因此在升温过程中需进行热把紧工作。

当炉出口温度达 450～550℃ 时，TLE 出口达 250℃ 左右时进行 TLE 热把紧。方法是均匀地紧固 TLE 上、下封头螺栓至适当程度，防止封头漏气。

6 裂解炉辐射炉管的损伤形式有哪几种？

（1）渗碳造成裂纹或形成材质劣化。

（2）热冲击或多种压力造成的断裂、热疲劳等。

（3）蠕变变形或蠕变断裂。

（4）腐蚀和高温氧化。

（5）局部过热引起的高温蠕化。

7 辐射炉管渗碳是怎样造成的？

裂解炉辐射室内烟气中富有 CO、CO_2、水蒸气等渗碳还原气体。各种反应气体吸附在炉管表面，在 Fe、Ni 的催化作用下，发生析碳反应，形成活性碳原子，当炉管表面温度（TMT）超高时

（大于1100℃），如燃料油落到炉管表面，发生静态燃烧，烧坏炉管表面致密的氧化膜，活性碳原子渗入合金基体，在金属晶界上骤结，与铬形成三氧化二铬，而降低金属中的铬含量，影响炉管材质的抗氧-硫化能力，使合金的耐热特性下降。

8 裂解炉炉管的安装形式是什么？

辐射段炉管安装形式是顶出式悬吊结构。

9 炉管安装形式的优点是什么？

（1）炉管出口方向与管排中心线平行，出口管热膨胀不会产生横向力，造成管排偏离中心线弯曲。

（2）出口管热膨胀所产生的热应力比较小。

10 炉管安装形式的缺点是什么？

辐射炉管较长（9.65m），管径较小，管壁较薄，造成炉管的刚度相对较差，抵抗弯曲变形的能力较弱。炉管的弯曲会使导向杆发生变形、弯曲，甚至失去导向能力，进而导致弯头与导向杆连接处产生较高的应力，发生弯头断裂的现象。

11 为什么炉管运行末期或温度急剧变化后会出现"花"的现象？

当炉温出现大幅度波动时，造成炉管温度大幅度波动，由于炉管材质与其内部结焦物的线性膨胀系数相差较大，导致部分结焦物从炉管内壁被"撑开"而脱落，且脱落程度不一致，造成炉管重新投油后传热的"有效壁厚"不同，于是产生了"花"的现象。

12 裂解炉辐射炉管出现"花"的现象，有何危害？

（1）易堵害炉管。

（2）由于炉管表面负荷不同，造成炉管弯曲。

（3）易造成炉管的局部过热。

13 裂解炉对流段管盘中哪几组为翅片管？

对流段管盘中翅片管共有五组：①BFW预热一段；②BFW预热二段；③原料预热一段；④原料预热二段；⑤稀释蒸汽过热段。

14 **裂解炉对流段炉管损坏原因是什么？**

对流段炉管损坏主要是炉温波动对炉管产生热疲劳而造成的。

15 **助剂泵不上量的原因可能有哪些？**

（1）未充分充液或排气。

（2）电机反转。

（3）入口管线安装不严、向系统内漏气等。

16 **裂解炉的结焦途径有哪几种？**

（1）裂解反应中二次反应的存在，使高沸点馏分在炉管内表面结焦。

（2）原料中的芳烃、环烷烃在裂解过程中聚合而成。

（3）在急冷锅炉内裂解气中的重质馏分缩合而成。

17 **与传统 TLE 相比，线性 TLE 在工艺和设备上有哪些特点？**

（1）绝热段停留时间短，能迅速急冷，降低二次反应发生。

（2）无裂解气流量分配问题。

（3）流线型设计不存在局部区域因返混和涡流而引起的二次反应结焦。

（4）大换热内管，从辐射段脱落的焦可以通过堵塞的可能性降低。

（5）换热面积大，运转周期长。

（6）线性 TLE 换热单元的布置方式与辐射段炉管构型有直接关系。

（7）在两次离线清焦期间，具有多次运行周期的可能性。

（8）结构简单，容易清焦。

18 **通过烟气取样分析可以对裂解炉运行做出哪些判断？**

（1）判断燃烧过程是否完全。

（2）可以预测空气过剩系数，计算裂解炉热效率。

（3）可判断对流段泄漏情况。

（4）通过 NO_x 分析判断环境污染情况。

19　裂解炉对流段上吹灰器使用的吹扫介质是什么，可不可以用其他介质比如氮气或 SS 代替？

吹灰器使用的吹扫介质是中压蒸汽。在对流段中，高温烟气从约 1200℃ 被冷却到约 140℃。选择吹灰介质首先温度不能太低，避免对流段盘管高温淬冷断裂，其次对流段盘管在高温下机械性能有所下降，所以吹扫介质压力不能太高。考虑以上两点，氮气及 SS 不可被用作裂解炉对流段吹灰器吹扫介质。

20　裂解炉汽包安全阀定压时，应怎样操作？

一般汽包安全阀定压时炉子处于蒸汽开车状态，炉出口温度在 600℃ 以上，此时汽包液位调节由调节阀控制。当室外慢慢关放空阀，汽包压力上升时，要监护好汽包液位。整个定压过程中，若发现汽包升压到超过允许值面安全阀未起跳情况，需打开放空阀进行泄压，调整安全阀重新进行。

21　如何从室内各表数据来判断裂解炉管的结焦情况？

（1）废锅出口温度接近清焦指标，说明废锅结焦严重。

（2）燃料压力比投油初期控制值明显增长。

（3）炉膛温度达到一定数值。

（4）观察横跨温度变化情况，温度越高，说明结焦越严重。

22　裂解炉炉管破裂如何处理？

炉管破裂会导致炉膛内着火，此时根据情况作出相应调整。如果泄漏严重，炉温无法控制，由手动开关使单台炉紧急停车，再做二次处理，然后切除油洗塔，HS 放空，加大 BFW 流量，开大挡板。最后根据破裂情况决定进行清焦或停炉处理。

23　烟道挡板调节失灵如何处理？

室内调节失灵后，立即由现场操作，若现场亦无法调节则视挡板位置采取相应措施。

（1）失灵后，若处于全关位置，应紧急停炉。

（2）还有一定开度，利用手轮或风门调节负压，保证火嘴燃烧，室内在允许范围内较大幅度地改变开度。同时，室外应联系相关设备人员进行修复，直到灵活为止。

24 **急冷器在工艺上起什么作用？**

急冷器是将废热锅炉出口的裂解气进一步降温，以终止裂解产物中二次反应的进行（尤其是芳烃的缩合反应）。另外，急冷器用急冷油喷淋冷却裂解气，可在后面的工序中回收这一部分热量，供发生 DS 之用。

25 **如果裂解炉其他部分正常，废热锅炉出口温度突然急速下降，则可能的原因是什么？**

原因是废热锅炉内漏，锅炉给水大量漏入裂解气一侧，使废热锅炉出口温度突然下降。

26 **裂解炉对流段炉管为什么需要吹灰？**

（1）裂解炉底部火嘴燃烧不完全，碳粒会由烟气带到对流段炉管的翅片上，使对流段炉管的传热效率降低。

（2）如果对流段翅片上积炭过多，在炉子氧含量过大或对流段烟气温度过高的情况下，可能发生二次燃烧，烧坏对流段炉管。

27 **对流段锅炉给水管爆裂原因是什么？**

锅炉给水量受汽包液位信号控制，当液位由于某种原因引发产汽量减少导致液位上升，使液位阀关闭或联锁关闭时，在液位给水阀恢复自动调节功能前，给水管内无水而引起空焚，当液位下降后，锅炉给水进入而引起突沸，因冷却过热炉管而造成爆裂。

28 **如何判断对流段锅炉给水管爆裂？如何处理？**

判断：汽包液位下降，BFW 预热温度过高，流量增大，炉膛呈正压。

处理：发生上述现象前应将给水阀切为手动控制，待仪表恢复调节功能且预热段温度下降至近正常值后逐渐打开。一旦发生爆管之后应做紧急停车处理。

第五节 急冷系统的操作优化

① 急冷系统的节能途径有哪些？

（1）提高汽油分馏塔塔釜急冷油温度，最大限度地多产稀释蒸汽，减少稀释蒸汽的补充量。

（2）回收汽油分馏塔塔内热量。

（3）充分利用急冷水塔釜的热量，既可减少热量损失，又可降低循环水用量。

（4）降低工艺水排放量，既可减少热损失，又可减少污水处理量。

（5）尽量投用蒸汽透平泵，将电泵作为备用泵，节约电耗。

② 急冷水系统腐蚀的原因是什么？

主要是裂解气中含有二氧化碳、二氧化硫、硫化氢等酸性气体和部分有机酸，这些物质溶于水后形成碳酸、硫酸等腐蚀性介质，对系统的设备、管线系统造成腐蚀。

③ 急冷系统的 pH 值过高会有什么后果？

（1）会造成设备、管线的碱性腐蚀。

（2）导致工艺水乳化。

（3）酸性气体汽提效果变差。

④ 油洗塔塔釜温度设定的限制条件有哪些？

（1）受急冷油循环量和稀释蒸汽发生器传热面积的限制。入塔的裂解气热量主要是由急冷油撤出，撤出途径是发生稀释蒸汽，在一定撤热量下所需急冷油循环量随油洗塔釜温升高而减少，稀释蒸汽发生器的传热面积将随油洗塔釜温升高而减少；在相同急冷油循环量时，急冷油在稀释蒸汽发生系统的撤热量随油洗塔釜温升高而增加。

（2）受急冷油黏度的限制。为保证急冷油循环系统的正常运

转，要求将急冷油黏度控制在适当水平。通常，以保持急冷油黏度
在 $4.5 \sim 5.5 cm^2/s$ 以下为宜，急冷油黏度随油洗塔塔釜温度上升
而上升。

（3）受急冷油热稳定性的限制。若加热温度提高到某一数值之
后，则急冷油不能保持稳定的性质，而将发生急剧的聚合而形成结
焦，这个温度为急冷油的热稳定温度。显然，油洗塔塔釜温度必须
保持在急冷油热稳定温度以下。

5 油洗塔的作用是什么？

油洗塔的主要作用是通过三段回流使裂解气降温，同时从中分
离出 PFO 及 PGO 等较重的烃类。

6 水洗塔的作用是什么？

水洗塔的作用是将从油洗塔来的裂解气进一步用水冷却，并将
其中的水蒸气及汽油冷凝下来，为后系统提供合格的裂解气。

7 油洗塔顶温为何控制在 105～109℃ 之间？

油洗塔顶温过高，重质馏分带入裂解汽油中，汽油干点升高，
影响下游分离效果，同时容易污染急冷水和工艺水，使水乳化。温
度过低特别是低于 95℃ 以下将引起蒸汽在油洗塔内冷凝，造成严
重后果。

8 油洗塔底温为何控制在 190～200℃ 之间？

油洗塔底温高对热量回收有利，可以节省蒸汽补入量，但急冷
油黏度大，同时因其温度高，会造成急冷器出口温度过高，于是入
塔温度增高，产生恶性循环。急冷油温度低不利于能量回收，浪费
蒸汽。

9 水洗塔底温度过高或过低有何危害？

水洗塔底温度过高会引起油洗塔回流汽油温度升高，影响油洗
塔操作，同时还会引起急冷水泵抽空等大的事故。塔底温度过低，
供后系统再沸器的热量不足，将影响分离系统操作。

⑩ 热回收系统包括哪些？主要工艺过程是什么？

热回收系统主要包括油洗系统、水洗系统、工艺蒸汽发生系统、火炬及助剂系统等。

油洗：通过三段回流将裂解气冷却至108℃，同时洗掉裂解气中的PFO、PGO等重质烃类，并回收其热量发生炉用稀释蒸汽。

水洗：将油洗系统来的裂解气利用水进一步冷却至38℃，从中分离出全部水蒸气和裂解汽油，同时为后部提供热源。

PS系统：对水洗系统分离出来的工艺水进行进一步净化，然后利用低压蒸汽或急冷油的热量使之汽化，为裂解炉提供稀释蒸汽。

火炬系统：收集装置内各单元排放的冷、热物料，烃组分由火炬烧掉，重组分回收。

⑪ 急冷水乳化的原因有哪些？有哪些危害？如何处理？

急冷水乳化主要是急冷水pH值偏高或油洗塔T2701顶温或水洗塔T2801底温偏高造成的。

主要危害是影响工艺水系统分离效果，严重时导致工艺水乳化。此时若有裂解炉处于烧焦状态应注意炉温，适当减少空气量或停止烧焦。

处理：利用开工线补充新的锅炉给水，由现场倒淋将乳化的急冷水排放掉，进行系统置换。

⑫ 影响加氢反应深度的因素有哪些？

（1）反应温度。

（2）反应氢分压。

（3）空速。

（4）氢油比。

（5）催化剂活性。

（6）进料中活性组分。

（7）进料中毒性。

13 使裂解汽油一段加氢催化剂失活的因素有哪些?

(1) 进料中水含量超标。

(2) 进料中毒物。

(3) 进料中胶质含量超高。

(4) 催化剂积炭过多。

14 缓蚀剂作用是什么?

缓蚀剂在金属表面形成一层保护膜,减缓 H_2S 对金属管道、设备的露点腐蚀。

15 裂解汽油二段加氢催化剂为何要进行预硫化?

新的或再生过的二段加氢催化剂是呈氧化态的,实践和理论研究表明,此种催化剂只有以硫化态存在时,才具有较高的活性和选择性,所以在其使用前必须预硫化。

16 裂解汽油进料中水含量超标有何危害?

原料中水含量超标会破坏催化剂载体结构,使催化剂结构稳定性减弱,表面积缩小,导致催化剂活性逐渐降低甚至粉化失活。要求进料基本不含明水。

17 阻聚剂的作用是什么?

阻聚剂的作用是减缓和抑制进料中不饱和烃的聚合、结焦。

18 油洗塔下部为何采用栅板?

主要原因是该塔下部物料为黏度较大的急冷油,如果采用浮阀式塔盘,则浮阀的升降将因介质黏度影响而变差,发生黏塔现象,影响塔的效果,使用栅板就避免了这一弊端。

19 什么是背压式透平? 什么是凝汽式透平?

背压式透平是指蒸汽进入透平后,全部以某一特定压力排出,以供作他用。凝汽式透平是指蒸汽在透平机中做功后,全部排入冷凝器在其中冷凝成水后,送回锅炉给水系统。

20 急冷油泵备台不具备用条件时，操作上应注意哪些?

（1）控制好裂解炉负荷，不要太高，也不要变化太大。

（2）炉出口温度保持平稳，并根据情况适当降低、减小急冷油黏度。

（3）密切监视急冷油温度及运行泵的运转状态及电流等参数，发现问题及时处理。

21 PS 分离罐满罐原因有哪些? 如何判断? 怎样处理?

PS 分离罐满罐主要是仪表假指示或阀门动作失灵而造成的。

主要根据液位指示，出口稀释蒸汽温度、压力、阀门开度及炉出温度、PS 流量变化等来判断。

处理过程：应将进水调节阀关闭，加大排污量，也可打开现场倒淋排放，尽快查找原因，联系有关人员进行处理。

22 油洗塔压差过大，有何原因、如何处理?

原因：（1）裂解气进料量过大；

（2）回流量过大；

（3）中段采出过少；

（4）塔内部构件有问题。

处理措施：（1）检查裂解炉系统操作是否有问题及时调整；

（2）调整采出量；

（3）内件问题找机会处理。

23 在急冷油循环泵入口和出口过滤器下方还有一个小过滤器，它的工艺目的是什么?

小过滤器的作用是减少大过滤器的清理次数、收集大过滤器中的焦粒。

24 晃塔原因是什么? 有何危害? 怎样处理?

晃塔主要是塔内物料液位过高而造成的。由于液位超高，在气相物流自下而上上升过程中产生巨大气泡而造成晃塔。晃塔时，上升气流冲击塔盘极易造成损坏，同时对塔基座的牢固性也极为不利。

25 **不同工艺的乙烯装置脱砷单元和脱砷方法有哪些？**

不同工艺的乙烯装置在原料单元、碳三加氢单元、汽油加氢单元（含碳五部分）设置脱砷系统。

脱砷方法有催化剂法（包括临氢和吸附两种）和CHP（过氧化异丙苯）法。

脱砷催化剂有镍系、铜系、铅系及硅铝小球等。

26 **组成急冷水系统设备腐蚀的酸性物质包括哪些？**

酸性物质包括硫化氢、氯化氢、碳酸气、甲酸、乙酸、苯酚、丙烯酸、丙酸和环烷酸等。

27 **急冷油吹扫时进行蒸汽排凝有何意义？**

（1）防止凝液进入高温急冷油产生爆沸现象。

（2）室内无法监控吹扫蒸汽流量，排凝可以检查吹扫蒸汽流程设定是否正确，保证吹扫顺利进行。

28 **一台废热锅炉出口温度明显高于其他各台，有何原因、如何处理？**

原因：（1）该台TLE对应的炉管进料量偏大；

（2）该台TLE对应的炉管COT偏高；

（3）该台TLE结焦严重。

处理办法：（1）适当减少炉管进料量；

（2）调整炉管出口温度；

（3）停炉烧焦。

29 **原料供给系统故障时裂解岗位如何处理？**

原料供给系统故障会导致裂解炉原料低压联锁停车。联锁停车后，要采取以下措施。

（1）检查联锁动作准确。

（2）关闭燃料气阀门。

（3）保持稀释蒸汽流量在设定值的80％以上。

（4）控制好裂解炉的降温速度。

（5）控制好炉子的进风量，调节炉膛负压和风机挡板。

（6）控制好锅炉给水的进水量，调节好汽包液位。

30 **辐射段炉管发生故障时裂解岗位如何处理？**

如果辐射段炉管仅仅是出现少量的泄漏，一般情况下可以继续进行观察运行，但是要密切注意泄漏状况的发展，无需进行紧急停车。如果辐射段炉管严重破裂时，烟囱中可以看到大量的浓烟或火焰，炉膛负压大幅上升。这种情况会造成裂解炉辐射段以及对流段炉管严重损坏，需要立即停裂解炉。此时，应该采取下列措施。

（1）用紧急停车按钮，将有问题的裂解炉停车。关闭烃进料以及燃料气。

（2）关闭裂解炉急冷器的急冷油阀门。关闭裂解气阀门，将蒸汽切入烧焦罐，防止裂解气倒回炉膛燃烧。

（3）保持裂解炉稀释蒸汽的供给。

（4）控制好炉膛的压力和降温速度。

31 **急冷油泵不上量可能的原因有哪些？**

（1）入口过滤网堵。

（2）蒸汽透平转速低。

（3）泵体内有气体。

（4）急冷油中带水。

（5）急冷油黏度过高。

（6）汽油分馏塔液位过低。

（7）泵密封油带水。

（8）泵出口过滤器堵。

（9）泵及透平机械故障。

32 **废热锅炉的使用和维护有哪些要点？**

（1）严格控制锅炉给水的质量，这是保证废热锅炉本身长期运转不损坏的关键，也是蒸汽透平正常运转所需要的。

（2）安装时要求严格垂直，以利裂解气的均匀分布和水的正常循环。

（3）废热锅炉由冷态升至正常温度需慢慢地加热，供水温度达到正常温度后，才能通入裂解气，否则因温度低而可能使裂解气产生凝液析出，使清焦周期缩短，而且温差过大对设备的使用寿命有影响。

（4）废热锅炉正常运转时，液面控制非常重要（以现场直接指示液面为准）。当供水发生故障时，必须停止裂解气通入然后处理，不能一边处理，一边继续通入裂解气，以防材料过热。汽包因液面低而需补水时，要保证进入温度不能过低，补水速度要慢，以防温差过大，造成设备的损坏。

（5）当废热锅炉出口裂解气温度升高，进出口压差增加时，说明内管内表面结焦。结焦到一定程度后应停止通裂解气进行清焦。

（6）废热锅炉停车期间的维护要求严格，如锅炉中存有水分或含盐的水，当有空气时，腐蚀严重，应采取维护措施。

（7）汽包的壁厚很大，在汽包升降温时，应严格控制好汽包的升降温速度。在升温时，汽包升温速度应小于 $100℃/h$，降温时，控制 $50℃/h$。以减少汽包由于温差产生的热应力。

---

33 **稀释蒸汽发生故障时裂解岗位如何处理？**

装置的中压蒸汽可以作为稀释蒸汽的备用蒸汽，所以一般稀释蒸汽发生故障的时间不会太长。若可以在短时间内恢复，则降负荷运行，等待稀释蒸汽恢复供应。若在短时间内无法恢复，则按照以下原则处理。

（1）手动按紧急停车按钮，将裂解炉停车。

（2）检查联锁动作准确。

（3）关闭燃料气阀门。

（4）通过预热段盘管不断向锅炉给水，保持锅炉给水的流通。

（5）控制好炉子的进风量，调节炉膛负压和风机挡板。

（6）控制好炉子的降温速度。

---

34 **在裂解炉进行初次烘炉操作前，必须确认哪些准备工作已完成？**

需确认的准备工作有：

（1）公用工程系统的准备完成（燃料、锅炉给水、蒸汽、冷却水、工厂风、氮气和仪表风）；

（2）置换火炬系统已完成并点燃火炬头引火烧嘴；

（3）由界区外接受 LPG 至燃料气管线；

（4）裂解炉蒸汽汽包及附属管道的化学清洗已完成；

（5）仪表阀门及安全阀的校验和操作检查已完成；

（6）裂解炉安装后检查已完成；

（7）污水处理装置已具备开车条件；

（8）其他所需要项目的准备和确认（包括人员的准备）。

35 **在哪些紧急情况下应采取紧急措施使装置全面紧急停车？**

（1）电源故障，装置内停电。

（2）冷却水故障，装置内停冷却水。

（3）锅炉给水故障。

（4）仪表空气故障，仪表空气压力极低不能恢复。

（5）火灾、爆炸等重大事故。

（6）地震等破坏力很大的自然灾害。

36 **为何裂解气急冷温度不能过低？**

因为裂解气在急冷过程中所含高沸点的组分被冷凝在急冷锅炉的器壁上，在高温裂解气的长时间作用下，这些冷凝的液体会进一步发生脱氢缩合等反应，导致焦化和结焦堵塞设备。因此，裂解气急冷的温度高低由其露点决定，即急冷锅炉的裂解气出口温度不能低于其露点，以保证急冷锅炉的正常运行。

37 **汽油分馏塔 QO 黏度过高有什么危害？如何调节 QO 黏度？**

黏度过高的危害有：①急冷油，会使急冷油循环泵消耗功率增加，出口压力降低，严重时，使管道阻力增大，会使急冷油循环困难，影响急冷油系统的正常运行，同时还会造成急冷油传热效率下降，DS 发生量降低；②急冷油黏度过高如不调整，会使急冷油品质变差，胶质和焦粒增多，易引起换热器和过滤器堵塞。

调节 QO 黏度方法：

（1）减少侧线柴油采出；

（2）加大汽油回流量；

（3）外接调质油；

（4）适当降低 DS 压力；

（5）适当降低急冷出口温度；

（6）调节中段热油循环加大精制水量；

（7）适当加大 QO 循环量，如增开急冷油备用泵；

（8）若裂解负荷高，降负荷处理；

（9）若裂解原料组分变化，适当调整裂解炉 COT；

（10）调节减黏塔顶温。

38 急冷系统的节能途径有哪些？

（1）提高汽油分馏塔塔釜急冷油温度，最大限度地多产稀释蒸汽，减少稀释蒸汽地补充量。

（2）回收汽油分馏塔塔内热量。

（3）充分利用急冷水塔釜的热量，既可减少热量损失，又可降低循环水用量。

（4）降低工艺水排放量，既可减少热损失，又可减少污水处理量。

（5）尽量投用蒸汽透平泵，将电泵作为备用泵，节约电耗。

39 控制汽油分馏塔顶、釜温有什么意义？

汽油分馏塔顶温度控制着塔顶出口物料的组成，一般应控制在 $105 \sim 109 \, \text{℃}$，最高不超过 $120 \, \text{℃}$，最低不小于 $100 \, \text{℃}$。超过 $120 \, \text{℃}$ 后，裂解轻质油混入裂解重质汽油中，可增加急冷水塔的热负荷，油水分离效果变差，裂解汽油干点提高，不利于后续装置的操作；而且汽油分馏塔侧线采出及塔釜循环急冷油变重，黏度增大，给急冷油循环泵和以裂解轻质油为燃料的蒸汽过热炉底部燃烧带来困难。低于 $100 \, \text{℃}$，水蒸气就可能冷凝下来，水带到裂解轻油之中，到达塔釜会与急冷油乳化，塔釜温度明显降低，可造成急冷油循环泵抽空。汽油分馏塔塔釜温度控制着裂解重质油的质量和循环急冷油的黏度。急冷油黏度与裂解原料性质、裂解深度、装置实际生产负荷和汽油分馏塔塔釜温度等有关。急冷油黏度与塔釜温度直接有关。塔釜温度越低，急冷油黏度越小，侧线采出将夹带裂解汽油，其产品闪点降低，急冷油循环泵功耗降低，但稀释蒸汽的发生量将明显减少，以致必须补入更多的中压蒸汽于稀释蒸汽系统。塔釜温度越高，分馏塔侧线采出将变重，急冷油黏度变大，用于直接冷却的急冷油量将减少，进入分馏塔的裂解气温度会更高，形成恶性循环，甚至维持不了急冷油循环。

40 **急冷水塔顶、釜温控制不好对系统有哪些影响？**

急冷水塔塔顶温度控制着塔顶出口组成，一般应控制在 40℃以下。急冷水塔塔顶温高于 40℃，塔顶裂解气将夹带大量水蒸气和裂解重质汽油，给压缩系统操作带来困难，并增加压缩机内结垢的可能性，还为分离系统裂解气干燥器增加干燥负荷。急冷水塔塔釜温度应控制在 80～85℃，温度太低，可能会因急冷水加热裂解气温度不够高而影响压缩系统酸性气体的脱除效果；还可能造成丙烯塔塔釜加热不好，以致影响丙烯产品的质量。塔釜温度太高，在夏季和高负荷生产时，可能造成急冷水塔塔顶温度升高，且由于回流汽油温度升高，使在富余阀位开度时的汽油分馏塔顶温升高，构成恶性循环。

41 **急冷水乳化的原因是什么？有何现象、如何处理？**

急冷水乳化的原因：急冷水温度过高；汽油分馏塔顶温过高，裂解汽油中夹带裂解柴油，使汽油的密度与水接近；急冷水的 pH 值过高。

现象：乳化现象形成以后，油水界面不再存在，室内汽油与水液面指示失真，波动较大。室外观察急冷水和工艺水的颜色，如果急冷水和工艺水的颜色为乳白色，即说明油水已经乳化。

处理方法：急冷水发生乳化首先应将急冷水、工艺水系统的注碱泵停下，水侧接入大量新鲜的锅炉给水（BFW）或表面凝液（SC），打开塔釜倒淋排放乳化水，急冷水逐步置换，同时适当降低急冷水塔釜温，并严格控制油水界面。油侧也需排放，若液面过低，可引入开工石脑油以保证汽油分馏塔的回流及平稳操作。

42 以乙烷、丙烷为原料和以馏分油为裂解原料的裂解产物，洗涤工艺有何不同，为什么？

以乙烷、丙烷为原料的裂解产物中没有重质油部分，而以馏分油为原料的裂解原料产物中有汽油馏分和重质燃料馏分。汽油馏分的相对密度为 0.8～0.85，与水易分层，油水容易分离；重质燃料油相对密度为 0.95～1.05，与水易乳化，油水分离困难。因此，乙烷、丙烷裂解时，裂解气可直接用水急冷降温至 100～110℃。馏分油裂解时不宜用水直接急冷，否则裂解气中的重质燃料油馏分被冷凝后与水混合，发生乳化而难以分离，使污水处理负荷增大。因此，馏分油裂解需先用直接急冷（或洗涤），温度降至 200～205℃，将重质油馏分洗掉，然后再用水洗。

43 急冷油减黏塔的工作原理是什么？

（1）将进料急冷油中的中间馏分（280～330℃），多为沸点高而黏度低的芳烃馏分汽提出来，返回到汽油分馏塔中，重新进入循环急冷油。

（2）有选择性地从急冷油中分馏出含有大量的胶质和沥青质的重质物料而将轻质物料留在系统中。

（3）循环急冷油中的轻质组分浓度增加，黏度因而降低。

44 工艺水注碱量为什么要严格控制，不可过多？

加入一定量的碱，虽然可以中和水中的酸性介质，防止酸腐蚀，但应控制在一定 pH 值范围，如果加碱过多，pH 值过高，则又会对系统造成碱性腐蚀。

45 汽油分馏塔和急冷水塔采用高效填料有哪些好处？

（1）降低了阻力，从而降低了裂解炉的烃分压。

（2）在同样的裂解烃分压下，相当于提高了裂解气压缩机入口压力，降低了压缩机的功率消耗。

（3）提高了塔的分离效果。

（4）提高了生产能力。

46 对于设有中段回流的汽油分馏塔来说，当汽油分馏塔塔釜温度过高时，有哪些调节措施？

（1）适当降低急冷器出口温度及裂解深度。

（2）提高中段热油回流换热器精制水量。

（3）适当加大塔釜急冷油循环量。

（4）适当提高中段热油回流量。

（5）适当加大塔顶汽油回流量。

（6）适当减少侧线裂解柴油采出量。

（7）适当降低负荷。

（8）如有备用急冷油循环泵启动之，提高急冷油循环压力。

（9）适当降低稀释蒸汽的压力。

（10）若裂解原料组分变化则适当调整裂解深度。

47 急冷油黏度过高有哪些危害？

（1）急冷油品质变差，胶质和焦粒增多，易引起换热器和过滤器堵塞。

（2）急冷油黏度过高，使管道阻力降增大，导致急冷油循环泵消耗功率增加，出口压力降低，严重时影响急冷油系统的正常运行。

（3）造成稀释蒸汽发生器传热系数下降，稀释蒸汽发生量降低。

第四章 ▶ 压缩工序

第一节 压缩系统的性质特点

① 压缩工序的工作任务有哪些？

压缩系统包括裂解气压缩、脱除酸性气体和干燥及制冷。裂解气的压缩和脱除酸性气体，目的是除去杂质和达到分离所需的压力。裂解气中酸性气体、水分、炔烃等杂质的存在对深冷分离和烯烃的进一步加工利用妨碍极大。酸性气体不但会使催化剂中毒，还会腐蚀设备管道。水分和二氧化碳在低温下会凝结成冰和固态水合物，堵塞设备管道，影响分离操作。因此，裂解气在深冷分离前必须进行预处理。

（1）对裂解气进行压缩　一方面可提高深冷分离的操作温度，从而节约低温能和低温材料；另一方面加压会促使裂解气中的水与重质烃冷凝，所以可除去相当量的水分和重质烃，从而减少了干燥脱水和精馏分离的负担。但是，加压太大也是不利的，这会增加动力消耗，提高对设备材质的强度要求，此外还会降低烃类的相对挥发度，增加分离的困难。一般认为，经济上合理而技术上可行的压力约为 3.7MPa。

（2）脱除酸性气体　裂解气中的酸性气体主要是硫化氢、二氧化碳、有机硫等，一般用物理吸收法或化学吸收法脱除，应用最广泛的是以氢氧化钠溶液作吸收剂的碱洗法，其次是以乙醇胺溶液作吸收剂的再生法。此外，还有用 N-甲基吡咯烷酮、加压水、热碳酸钾溶液等作吸收剂的吸收法。

(3) 干燥 经预处理的裂解气含 $(400\sim700)\times10^{-6}$ 水分，而深冷分离对裂解气含水量要求在 2×10^{-6} 左右（露点在 $-70℃$ 左右），因此对裂解气进行深度脱水干燥是分离前的重要步骤，一般安排在裂解气压缩后进行。脱水干燥的方法主要采用固体吸附法和冷冻脱水法，应用最广泛的是分子筛、活性氧化铝为干燥剂的固体吸附法。对干燥剂的要求是成本低、吸水性好、经得起频繁的加热和冷却而不改变强度和结构，不引入杂质。

(4) 丙烯制冷 深冷分离所需的部分冷量由丙烯制冷系统提供。该系统是密闭式的，丙烯制冷压缩机采用蒸汽轮机驱动的四段离心式压缩机。制冷介质为本装置的纯度为 99.6% 的产品丙烯，分别提供 $-30℃$、$-20℃$、$0℃$、$12℃$ 四个冷冻级。

(5) 乙烯制冷 深冷分离所需的高级别的冷量由乙烯制冷压缩机提供。该系统是密闭式的，乙烯机采用蒸汽轮机驱动的离心式压缩机。制冷介质为装置内的产品乙烯，分别提供 $-102℃$、$-81℃$、$-57℃$ 三个冷冻级，主要提供分离工段脱氢系统及脱甲烷塔顶冷凝器的冷量。该系统与丙烯冷冻构成复叠式制冷系统，经压缩机压缩后的乙烯，用丙烯冷却和冷凝。

2 **什么是冷剂？**

在制冷操作中，热能从低温传到高温。根据热力学第二定律，热能不能自动由低温传到高温，必须有一种称为工质的中间物完成，此中间物工业上称为冷剂。

3 **什么是复叠制冷？**

用两种或多种冷剂串联操作，以一种冷剂的冷效应去冷凝另一种沸点较低的冷剂，该冷剂产生的冷效应又去冷凝另一种沸点更低的冷冻剂，这样依次逐级液化，可达很低的温度，该法称为复叠制冷。

4 **为什么会冻塔？**

在深冷精馏分离中，一般都在低温下操作，当工艺气中含有水分超标时，低温下水与物料形成固体水合物，堵塞气体通道，使上升蒸汽不同形成冻塔。

5 丙烯冷剂的温度、压力主要受哪些因素影响？当冷剂温度升高时如何调整？

影响因素：（1）冷剂用户；

（2）透平转速；

（3）各吸入罐液位；

（4）丙烯冷却器。

调整手段：（1）调整冷剂压力和转速正常；

（2）打开相应的补液阀补液。

6 当合格乙烯进入罐时，球罐应具备哪些条件？

（1）对球罐进行校对、试压、吹扫、综合性气密试验并确保验收合格。

（2）各仪表指示调整完毕，处于待用状态。

（3）球罐干燥完毕，露点-50℃以下。

（4）N_2 置换完成，氧含量<0.5％（体积分数）。

7 喷射泵的工作原理是什么？

工作蒸汽由蒸汽道引入，从喷嘴出来膨胀到混合室中，由于压降很大，蒸汽流动速度很大，高速流动的蒸汽周围产生负压而带着从冷凝器中抽出的气体混合物，进入扩散管，速度不断降低，压力逐渐升高，在扩散管出口蒸汽、空气混合物的压力较大气压稍高，然后排入大气。

8 开车前氮气置换怎样进行？

氮气置换前设备管线的排液泄压结束，必须注意，在设备内有液体残留的话，会延长置换时间。

置换用氮气是从末端导入，原则是从另一端放出，在排放前要考虑不留死角，用氮气置换实气时像火炬排放，用氮气置换空气像大气排放，低温系统排放时氮气置换要与干燥同时进行，并确认露点在－50℃。

氮气置换过程中要注意氮气主管的压力大于工艺系统的压力。

氮气置换是否结束的确定是从含死角的系统内两处以上的地方取样分析判断合格与否，氮气置换标准是氮气含量高于99.5%（分析3次取得同样结果）。

氮气置换结束后，在向大气放出氮气的状态下，抽出或插入盲板。

氮气置换软管用完后必须拆卸与工艺系统分开。

9 开车后若在没有排放的情况下火炬仍较大，应从哪些方面检查?

首先复查开车过程中打开的排放阀是否全部关严，然后确认起跳的安全阀是否完全复位，最后确认放火炬的阀门及安全阀是否有内漏。

10 乙烯精馏塔的操作压力是如何确定的?

乙烯精馏塔操作压力的确定一方面要考虑塔压对分离效果的影响；另一方面要考虑塔顶所用冷剂所能达到的冷却温度。因本装置采用丙烯-乙烯复叠制冷，其塔采用丙烯作冷剂（最低温度为－40℃），以达到控制塔压的目的。

11 为什么用甲醇可以解冻?

甲醇的冰点为－98℃，甲醇与水混合后使水的冰点下降，使烃水合物的生成起始温度降低。

12 碱洗的目的是什么?

在裂解气中含有一定的二氧化硫和二氧化碳，二氧化硫不但能腐蚀设备，且能使催化剂中毒，二氧化碳不但能腐蚀设备，而且在低温下易形成干冰，堵塞冷箱，同时降低催化剂的活力，设碱洗塔的目的是为了除去这两种物质。

13 碱洗塔为什么设一段水洗?

因为碱洗的裂解气不可避免地带有碱液，如果这些碱液带入后部系统会对压缩机密封产生腐蚀，因此设一段水洗除去这些碱液。

14 碱洗塔的作用是什么？水洗段和两段碱洗作用各是什么？

碱洗塔的作用是脱除酸性气体，主要是脱除二氧化硫和二氧化碳。

水洗的作用是防止裂解气中夹带碱液。

两段碱洗的作用：第一段碱洗是除去裂解气中的大部分酸性气体；第二段是在碱洗中部充分洗涤除去其余酸性气体，新鲜碱从上段碱循环注入，废碱从碱洗塔底部排出，其目的是提高碱利用率减少塔板数和塔压降。

15 裂解气中的酸性气体有何危害？

（1）H_2S 能腐蚀设备和管道。

（2）H_2S 使干燥剂（分子筛）缩短寿命。

（3）H_2S 使加氢脱炔的催化剂中毒失活。

（4）CO_2 在低温操作设备中会结成干冰，堵塞设备和管道。

（5）CO_2 对后面系统的合成，聚合也有危害。

16 冷泵如何预冷？

预冷分两步。

（1）气相预冷：打开泵的最小回流阀，微开泵体放火炬。

（2）液相预冷：当气相预冷合格后，关泵体放火炬阀，打开泵入口阀。预冷期间应注意盘车。

17 裂解气中酸性气体的来源有哪些？

（1）气体裂解原料带入的硫化物或 CO_2。

（2）液体原料所含硫化物在裂解过程中反应生成 H_2S 和 CO_2。

（3）裂解原料烃和炉管中的结碳与水蒸气反应可生成 CO 和 CO_2。

（4）烃与水蒸气反应也可生成 CO_2。

（5）当裂解炉中有氧进入时，氧与烃类反应生成 CO_2。

18 碱浓度过高有哪些不利影响？

提高碱浓度有利于 CO_2 吸收，提高碱浓度可使新鲜碱液加入量及废碱排出量下降。当降低碱用量时，为了保持气液良好接触，需提高洗涤液的循环次数，增加操作费用。另外，碱浓度提高会降低 Na_2CO_3 在洗涤液中的溶解度，一旦有 Na_2CO_3 析出将影响正常操作的进行。同时随着碱浓度的提高，裂解气中的烯烃聚合速度加快，同样会给操作带来麻烦。一般碱浓度控制在 $5\%\sim10\%$。

19 黄油指的是什么？

在碱洗塔釜液面上，由低级不饱和烃类冷凝并聚合形成一层肥皂状的碱性黄色油状物，称为黄油。

20 生成黄油的原因有哪些？

（1）裂解气中含有大量不饱和烯烃，其中双烯烃等会冷凝或溶解在碱液中，在痕量氧的作用下引发自由基生成交联聚合物。

（2）裂解气中的醛或酮在碱的作用下发生加成反应生成聚合物。

（3）裂解气中会产生有机硫化物和多硫化合物的结聚物。

21 碱洗塔操作温度对黄油生成有何影响？

温度过高和过低都会促使黄油生成。过高，裂解气中的不饱和烃容易发生聚合反应，从而产生黄油；过低，会使不饱和烃冷凝，也会形成黄油。另外，温度过高还会使黄油转化为高聚物，形成结垢，堵塞塔内件或通道，造成吸收效果下降，严重影响长周期运行。

22 抑制黄油生成的措施有哪些？

（1）优化碱洗塔操作温度，最佳操作温度为 46～47℃。

（2）加强碱洗塔黄油排放，加大水洗段的补水量和置换量，减少黄油在塔内停留时间。

（3）根据负荷情况，及时调整强碱的补充量，保证各碱洗段浓度和梯度。

（4）使用黄油抑制剂。

23 丙烯压缩机制冷原理是什么？

丙烯制冷循环过程压缩→冷凝→减压→蒸发，利用丙烯压缩机，将气态丙烯增压至 1.8MPa 左右，用冷却水将气体丙烯冷凝成液体丙烯，丙烯的冷凝温度在 36℃ 左右，再利用节流、膨胀原理，使液态丙烯在节流阀中降压，使其液相沸点降低，通过蒸发，使液态丙烯在换热器中蒸发成气态丙烯，吸收用户的热量，达到制冷的目的。

24 裂解气压缩的目的是什么？

（1）提高分离的深冷分离操作温度，节约低温能量和低温材料。

（2）加压会使裂解气中的水与重烃冷凝，除去水分和重烃，减少分离干燥脱水和精馏分离的负担。

25 裂解气压缩机段间冷却器的作用是什么？段间控制温度高低有什么影响？

（1）根据绝热压缩原理，吸入温度愈高，排出温度愈高，而压缩机要求出口温度不大于 120℃。

（2）裂解气温度愈高，烯烃、二烯烃等不饱和烃愈易聚合结晶而堵塞压缩机流道，导致压缩机不能正常运行。

（3）温度愈高，压缩机功耗愈大，愈偏离等温压缩曲线。

（4）段间冷却器的作用是采用循环水冷却，移出裂解气中的热量，控制各段吸入温度在 38℃ 左右，使其出口温度在 85～93℃，使水及重烃在段间冷凝，降低功耗，降低了不饱和烃的聚合速度，从而减少聚合物的生成。

（5）段间温度控制过高，使不饱和烃聚合，重组分不能冷凝下来，压缩机功耗增大，段间温度控制过低，会造成各段液体分布不均，罐液面超高，较轻组分冷凝，凝液中的轻组分最终将返回一段吸入罐，还将增大压缩机功耗。

26 丙烯制冷压缩机与乙烯制冷压缩机的复叠制冷原理是什么？

（1）甲烷的临界温度为−82.5℃，要使甲烷冷凝就必须将其冷却到−82.5℃以下。在正压下蒸发时，采用乙烯作为冷剂可使温度达到−100℃左右，将甲烷冷凝。

（2）乙烯的临界温度为9.5℃，要使乙烯冷凝形成制冷循环需采用丙烯作冷剂。

（3）丙烯的最低蒸发温度为−47.7℃，丙烯的临界温度为91.89℃，在丙烯的制冷循环中可以采用冷却水将气相丙烯冷凝，形成丙烯制冷循环。

（4）由冷却水向丙烯供冷并使之冷凝，丙烯向乙烯供冷并使之冷凝，乙烯向甲烷或其他冷量用户供冷。丙烯制冷循环与乙烯制冷循环复叠起来组成复叠制冷循环。

27 裂解气进气温度对碱洗塔的影响有哪些？

（1）升高碱洗塔裂解气进气温度，有利于酸性气体的吸收。

（2）裂解气进气温度不能过高，过高的温度将导致裂解气中的重烃聚合，生成聚合物，会堵塞设备和管道，影响装置的正常操作。

（3）热碱（大于50℃）对设备有强腐蚀性。

（4）裂解气进气温度控制不能过低，低温时裂解气中的重组分将冷凝，黄油生成量增加，会堵塞设备和管道，影响酸性气体的吸收。

（5）因此，碱洗塔的操作温度通常控制在40℃左右，即三段出口冷却器出口温度控制在38～42℃进入碱洗塔进行碱洗。

第二节　压缩机组的操作

1 透平开车前为什么要暖管暖机？

开车前管内和机体内温度低，如马上通入蒸汽会造成膨胀不均，还会由于管内存有凝液而造成水击，破坏管线和透平，所以要暖管暖机。

2 油过滤器压差增大说明什么？

压差增大说明过滤器堵塞（必须排除由于油温引起的压差增大）。

3 密封气的作用是什么？裂解气压缩机用什么密封气？

密封气的作用是阻止密封油进入机体内。

裂解气密封气可采用乙烯气、氮气和五段出口的裂解气。

4 透平单试的目的是什么？

（1）透平开车前或检修后进行单机试运，检查机械安装是否符合要求，确认无问题。

（2）检查确认调速系统能够安设计要求正常工作。

（3）检查确认联锁装置，现场及室内的停车系统能够正常工作。

5 压缩机喘振的可能的原因是什么？

（1）压缩机体积流量不足。

（2）吸入压力过低。

（3）由于堵塞或进出阀门不正确，引起系统阻力改变。

（4）转子或扩压道上有淤积物。

6 喘振有何危害？

喘振现象对压缩机是非常有害的，喘振时由于气流强烈脉动和周期性振荡，会使叶片强烈振动，噪声加剧，使整个机组和管网发生振动，并可能损坏轴承、密封，甚至打碎叶片，从而造成严重后果。

7 裂解气压缩机采用五段压缩的优点有哪些？

（1）可节省压缩功耗。

（2）可降低压缩比，减少压缩过程温升，延长压缩机部件的使用寿命。

（3）可降低出口温度，防止重质烃类、双烯烃类结焦。同时也可防止润滑油黏度降低，润滑不好。

（4）可在段间设立冷却器，除去重烃和水，减少后几段的负荷。

8 压缩机的注水有什么作用？

通过注水降低裂解气的温度，从而减少聚合物在压缩机的转子和壳体处沉积，并有一定的冲洗作用。

9 本系统乙烯循环采用何种形式？有何优点？

采用乙烯精馏系统与乙烯压缩机合在一起的开式 A 型热泵循环。将再沸器与塔顶冷凝器合在一起，可以节省设备降低能耗。

10 透平主蒸气压力下降，会产生什么现象？

透平主蒸气压力下降会造成透平转速下降，调速阀开大，蒸汽流通量上升，被压压力上升。轴向力增加，周位移增加。

11 复水器设热水井的作用是什么？

由于复水器是真空的，压力低，必须通过泵升压才能把凝液排走，热水井可集中冷凝水，而不浸没复水器的换热管，影响复水器换热效果；由于控制热水井的液位还有利于复水泵的正常运行。

12 什么是背压透平和凝气式透平？各有什么优缺点？

透平背压大于大气压强的，叫作背压式透平。透平出口蒸汽通过冷凝器冷凝，使透平背压小于大气压强，此种透平叫凝气式透平。

背压式透平，附属设施少，一次投资少，易操作，但耗蒸汽量多。

凝气式透平可提高蒸汽利用率，达到节省蒸汽、节能的目的，但附属设施多，操作复杂，一次投资大。

13 凝气式透平真空系统起什么作用？是如何工作的？

凝气式透平出口光靠复水器，不能产生高的真空度，总存在一些不凝气，真空系统就是要把这些不凝气抽出，进一步冷凝，使透平出口产生高真空。

低压蒸汽通过喷射泵的作用，将复水器中的不凝气抽出，集中进行二次冷凝，经过二次相同作用的冷凝后，再将不凝下来的气体排出，将凝水排回复水器。

14 影响复水器的真空度的因素有哪些？

（1）系统泄漏。

（2）复水器液位过高，浸没换热管，影响蒸汽冷凝。

（3）复水器冷却水压力低，温度高。

（4）透平入口蒸气压力低造成蒸汽流量过大。

（5）喷射泵蒸汽喷嘴堵塞。

（6）喷射泵蒸气压力低，或温度低或上游蒸汽过滤器堵塞。

（7）抽气冷凝器回水疏水器失灵，冷却器积水，蒸汽不冷凝。

（8）设备故障，如喷射泵吹坏、换热器内漏等。

（9）大气安全阀水封破坏，出现漏气现象或安全阀破损。

（10）循环水中断或严重缺水。

15 引起压缩机紧急停车有哪些因素？

（1）装置前后故障或公用系统故障。

（2）压缩机联锁控制系统故障，如润滑油压力偏低等。

（3）压缩机本身机械故障，如振动、位移等。

（4）机房内发生火灾，且无法迅速扑灭。

16 防止压缩机吸近液体的措施有哪些？

（1）在压缩机吸入口设有吸入罐使气体在罐中得以分离。

（2）一般每个罐的吸入口均设有除沫器，以除去气体中的微小液滴。

（3）一般在每个罐上均设有液面高报和超过联锁装置。

17 大气安全阀的作用是什么？如何判断其状态？

大气安全阀对复水器起保护作用，当排汽温度超高引起复水器压力达到约 50kPa 时，该阀起跳，其手柄旋出时，表示该密封阀处于使用状态，当手柄插进时是停用状态。

18 投密封油前应注意什么?

（1）机体应充压至 0.05MPa 以上。

（2）油汽分离器确认投用。

19 如何检查复水系统的密封性?

（1）将复水系统引进脱盐水，启动复水系统进行循环，并投用各水封。

（2）投开工喷射泵，使复水系统形成负压，对各静密封点进行检查。

（3）真空度若能维持在 300mmHg（40kPa），说明密封性良好。

20 在油泵切换时，机组跳闸停车可能的原因是什么?

（1）油压不稳。

（2）在泄压线中存有空气。

（3）辅助油泵开关故障。

（4）背压式调节阀导压线故障。

（5）跳闸开关故障。

21 压缩机停车有几种方法? 分别是什么?

压缩机停车有五种方法，分别是：

（1）扳现场手动跳闸机构手动杆；

（2）按手动跳闸阀；

（3）按中控室手动停车按钮；

（4）按就地盘上手动停车按钮；

（5）动作调速阀，降至最小速度后停车。

22 引起压缩机紧急停车的因素有哪些?

（1）装置前后系统故障或公用系统故障，迫使压缩机紧急停车。

（2）压缩机联锁控制系统出现异常，造成压缩机紧急停车，如入罐液面超高，润滑油压力超低等。

（3）压缩机组本身机械故障要求紧急停车和自行停车，如轴位移，轴振动，轴承温度过高等。

（4）机房内发生火灾而无法迅速扑灭。

23 **造成丙烯机各吸入罐液位超高的原因有哪些？**

（1）丙烯冷剂用户液位控制过高，使返回吸入罐的气相带液。

（2）各补液阀、回流阀失灵，突然开大。

（3）操作人员发现不及时，未采取必要的措施。

24 **裂解气压缩机开车正常后，如何将开工喷射泵切至一、二级喷射泵运行？**

（1）将二级喷射泵的其中一台 MS 阀慢慢打开，打开空气阀。

（2）将一级喷射泵的其中一台 MS 阀慢慢打开。

（3）检查一级喷射泵后冷凝器内负压是否正常。

（4）将两个空气阀慢慢打开。

（5）检查一级喷射泵后冷凝器去复水器的管线是否畅通。

（6）待一、二级运行正常后，慢慢关闭开工泵的空气阀，并观察真空是否正常。

（7）关闭开工泵的 MS 阀。

25 **实际生产中，压缩机通常有哪几种防喘振方法？**

在实际生产中通常采用三种防喘振方法：

（1）打开旁路防喘振阀，确保最小流量；

（2）通过转数调整喘振点；

（3）加大喷淋，降低吸入温度，增加质量流量，这种方法可在制冷机上采用。

26 **制冷压缩机排出压力过高，特别是骤然升高的原因及危害有哪些？**

引起排出压力升高的原因可能是压缩机出口冷凝器冷剂量不足

或供给中断，冷凝器冷凝的液体送出不畅使冷凝面积变小，压缩气体轻组分过多在冷凝器中不能冷凝。

这种情况会引起平衡活塞的压差变化而导致轴位移。

27 影响压缩机效率的主要因素是什么？为提高压缩机效率采取什么措施？

级间漏气或返回量是影响压缩机效率的主要因素，采取的措施有：

(1) 隔板和叶轮上盖间的迷宫式密封；

(2) 叶轮下盖和轴之间的迷宫式密封；

(3) 出口挡板和平衡活塞之间的迷宫式密封；

(4) 内密封及内密封外侧的油封。

28 裂解气压缩机级后压力增大的原因有哪些？如何处理？

原因：(1) 透平排汽压力增大；

(2) 隔板流道及转子结垢；

(3) 复水量大。

处理措施：(1) 调整真空度并增大换热器冷却水量，降低温度；

(2) 报告车间主任，等候指示；

(3) 适当降低负荷或增加抽汽量。

29 复水电导增大的原因有哪些？如何处理？

原因：(1) 表面冷凝器列管破裂，冷却水漏入复水中；

(2) 蒸汽品质不合格；

(3) 仪表假指示。

处理措施：(1) 表面冷凝器分为左、右两个独立部分，分别停冷却水，检修堵漏；

(2) 联系调度，改善水质；

(3) 联系仪表处理。

30 为什么三机复水控制系统一般都设计成分程调节？

复水器液位是一个很重要的控制参数。液位过高，换热面积减小，透平排汽无法大量冷凝，破坏复水器正常工作条件；液位过低，又会使未冷凝的蒸汽经凝水泵排出，因此复水器液位必须控制在一定的范围内。另外，一、二级蒸汽喷射泵排出的尾气，在尾气冷凝器中是用凝结水来冷凝的，因此在任何情况下，都必须保证有足够的凝结水通过尾气冷凝器，所以复水系统复水送出设计成分程调节。

31 何为喘振流量？造成压缩机喘振的可能原因有哪些？

控制某一转速下的压缩机，在某最高工作压力时，有一相应的高于最低质量流量的流量，这个质量流量便是喘振流量。

产生压缩机喘振的原因如下。

(1) 运行点落入喘振区或距喘振边界线太近。

(2) 防喘振裕度设定不够。

(3) 吸入流量不足。

(4) 压缩机出口气体系统压力超高。

(5) 工况变化时返回阀未能及时打开。

(6) 返回阀未投自动（包括现场）。

(7) 升速升压过快。

(8) 降速未先降压。

(9) 气体性质改变或气体状态严重改变：①气体分子量减小；②吸入温度升高；③吸入压力减小。

(10) 压缩机出口管线上止逆阀失灵。

32 压缩机紧急停车有哪些危害？

(1) 在机组处于满负荷状态下，由于负荷和转速从额定值迅速下降，转子及其部件要承受很大的扭力矩和交变能力，金属材料易产生疲劳，使主机寿命缩短。

(2) 紧急停车时，作用于叶轮上的轴向推力在瞬间发生很大变化，使转子的轴位移增大，造成动静部件摩擦。

(3) 透平的转子同缸体因膨胀不均而产生较大的轴向间隙。

(4) 如果抽汽止回阀失灵，极易造成机组超速飞车事故。

（5）压缩机在紧急停车过程中，出口管网中的物料有可能倒回缸体中，造成设备事故。

33 超高压、高压蒸汽管线的暖管为何要分为低压和高压暖管两步？

对容量较大的蒸汽管线，低压暖管是必要的。低压暖管的目的有两个：

（1）将主蒸汽管网的高压蒸汽节流降压后使饱和温度降低，以减少主蒸汽两个同管型温度差；

（2）通过节流，能使冷凝水及时地从倒淋排放，减少产生水击的可能性。

升压暖管在低压暖管合格后才能进行，升压暖管主要是以加快升压速以缩短暖管时间为目的的。对于超高压、高压蒸汽管线的暖管分成两步主要是为了在防止水击发生的前提下尽量提高暖管速度。

34 油路系统油洗的目的是什么？

油洗的目的是为了用物理化学的方法除去管内的锈皮和其他外界杂质，以便把清洁的润滑油供应到压缩机的摩擦部位上，以便使其平滑运动。

由于压缩机是在高速下运转，故在润滑油中有微量的杂质，也会引起机械的滞塞，所以系统必须油洗，确认运转时质量合格。

35 裂解气一般采用多段压缩（四段或五段），为什么？

（1）节省压缩功耗。实际压缩过程接近绝热压缩，功耗大于等温压缩，如果将压缩分为多段进行，段间采用冷却，移动一部分热量，段数愈多愈接近等温压缩，等温压缩功耗最小。但当段数增加到一定程度，对功耗的影响将减小，而压缩机的结构将庞大而复杂，设备费用增大。

（2）降低压缩比。采用单段压缩，压缩比很大，而采用多段压缩，每段压缩比较小，压缩比过高，对于离心式压缩机来讲不易达到。

（3）降低排气温度，单段压缩，压缩比较高，则排气温度高。裂解气中烯烃、二烯烃发生聚合，生成黏性物质，黏附在叶轮及流道上，影响压缩机的正常运行。

36　复水器真空度下降原因是什么？如何处理？

原因：（1）冷却水量不足或水温高；

（2）高压蒸汽压力低、温度低；

（3）冷凝器结垢严重；

（4）喷射泵工作不正常；

（5）装置负荷高；

（6）抽汽量小，复水量大；

（7）真空系统有泄漏。

处理措施：（1）联系调度解决；

（2）联系调度将高压蒸汽压力提至 11MPa 以上；

（3）单侧切换清理；

（4）调整喷射泵工作状态；

（5）请示领导，适降装置负荷；

（6）加大抽汽阀开度；

（7）查漏；

（8）补入二次水，提高复水器的冷却能力。

37　离心式压缩机在防喘振调节中，怎样协调安全与节能的关系？

离心式压缩机防喘振系统的正确运行，不仅对设备安全至关重要，而且对机组功率消耗乃至工厂的经济效益都十分重要的意义。作为运行人员，应以安全为前提，尽可能降低压缩机功率消耗，提高机组运行效率。

（1）防喘振给定裕量要适当；

（2）多回路的防喘振系统要注意高低缸之间的流量分配关系；

（3）正确对待防喘振阀开度同机组转速的关系；

（4）防喘振系统应投入自控运行。

第三节　压缩机组的设备维护

1 **离心式压缩机一个中间级是由哪些部件组成的？其作用是什么？**

中间级由下列几部分组成：

（1）吸气室：压缩机每段第一级进口设置吸气室，它将气体从进气管道均匀地引入叶轮中去进行增压。

（2）工作叶轮：高速旋转叶轮产生离心力作用，从吸气室吸入气体，由叶轮中心甩回叶轮边缘，从而使气体动能增大。

（3）扩压器：将气体大部分动能转变为静压能，升高压力。

（4）弯道和回流器：弯道引导气体拐弯，回流器进一步将气体动能转变为静压能，升高压力。

2 **什么是离心式压缩机的缸、段、级？**

缸：指一个壳体所包括的全部构件。

段：指从气体吸入压缩机到排出壳体所包括的构件。

级：指一个转动的元件即工作叶轮及其相配合的固定元件〔吸气室、打压器、弯道、回流器（或锅壳）〕所组成的基本结构单元。

3 **冷箱对流体介质有什么要求？**

冷箱对流体的杂质含量有严格要求：

（1）硫含量（以硫化氢计）$<1\times10^{-6}$（质量分数）；

（2）二氧化碳$<1\times10^{-6}$（质量分数）；

（3）水含量$<1\times10^{-6}$（质量分数）。

4 **离心式压缩机各部件的作用是什么？**

（1）支座：牢固和支撑作用。

（2）机壳：三机均为水平剖分，断面为研配密封构成主体。

（3）转子组合件：机器做功的主件。

（4）隔板：将各级叶轮隔开并构成扩压器。

（5）进口导流器：保证气体按一定的方向进入叶轮。

（6）进口挡板：保证气体吸入分配稳定均匀。

（7）出口挡板：使气体出来级后稳定均匀。

（8）止推轴承：控制转子的轴向位移。

（9）滑动轴承：支撑转动的转子。

（10）内密封：防止级间窜气以及防止气体漏入机体两侧的轴承箱，以提高压缩机效率。

5 什么是转子？

转子是汽轮-压缩机的最主要转动部件，由叶轮、叶片、主轴、平衡盘、止推盘、联轴节、轴套和其他紧固件组成。工业汽轮机转子与离心式压缩机转子因作用不同，组成转子的各部件、结构、装配方法也不完全相同。

6 什么是转子惰走时间？测定惰走时间有什么意义？

所谓惰走时间是指机组停车时，从关闭自动主汽阀或调节汽阀到转子完全静止所需经历的时间。测定机组的惰走时间同历次惰走曲线相比较后，可以发现一些问题。若各段惰走时间都有显著减少，可能是某轴承已经磨损或动静部件径向或轴向间隙消失并发生摩擦，或装置生产系统中物料倒灌回了压缩机缸内；若显著增加，则可能是与工业汽轮机缸体相连接的某个蒸汽管线上的阀门有内漏。所以说，测定转子的惰走时间，可以作为判断机组停车后能否重新启动的依据之一。

7 丙烯压缩机用几种介质作缓冲气，分别是什么？

丙烯压缩机用两种介质作缓冲气，分别是丙烯和氮气。

8 若丙烯机的机械密封损坏会造成什么后果？

当投用密封油时，密封油会越过机封窜入工艺系统，封油将主要存在一段过滤器中。若发现不及时，油箱将被倒空，油泵抽空，工艺系统遭受严重污染。

9 为什么离心泵体有气体会使泵不上量?

因为气体密度远比液体密度小,泵叶轮在旋转过程中气体产生不了足够大的离心力,不足以克服背压打出去,所以泵的入口不能产生足够的负压再吸入液体,泵表现为不上量抽空。

10 备泵为什么要盘车? 盘多大角度?

为了防止轴变形,可使一些转件得到初步运转,使轴承机封的得到初步润滑,还可判断运转是否有障碍。但应按泵的转动方向盘车,防止叶轮螺母松动,叶轮活动,出现事故,应盘车至盘车前 $180°$。

11 为什么离心泵启动前关出口阀而往复泵必须开出口阀?

离心泵和往复泵的工作原理不同。

离心泵是速度式泵,流量越大,所消耗的功率越大。关出口阀,离心泵流量为零,可以减少电机启动时的负荷,防止电机超负荷,烧坏电机。

往复泵是容积式泵,关出口阀,液体打出后无处可走,由于液体不可压缩,会使泵体压力突然增大,损坏泵体、出口管线或活塞管。

12 为什么离心泵启动时,有时会泄漏,及时处理后又可以恢复?

离心泵启动之前,机械密封内的动静环之间没有密封液膜。当泵启动时,动环有可能被突然弹开,这时没有产生密封液膜,动静膜间会产生泄漏。若介质是重质烃,动环被弹开后,有可能把动环凝住,使动环不能归位发生长期泄漏,用蒸汽或热水加热密封腔,可使重质烃黏度下降,动环可在弹簧力的作用下归位,从而停止泄漏。若介质为轻质烃动环被弹开产生泄漏,由于泄漏出介质压力降低,产生制冷效果,会使密封外侧的空气中水分产生凝固,把动环冻住,而且低温还会使机械密封中的辅助密封材料失去密封作用。这样都会使机械密封发生长期泄漏,用蒸汽和热水加热密封腔,可使密封腔温度回升,使动环归位,辅助密封恢复作用,从而停止泄漏。

13 固定管板式换热器适用于什么场合？

用于壳程介质清洁，不易结垢，管程需定期清洗以及温差较小的场合。

14 浮头式换热器适用于什么场合？

用于管壳壁温度较大，两种介质易结垢需经常清洗的场合。

15 U形管换热器适用于什么场合？

用于管壳壁温差较大的场合，尤其是管内介质不易结垢的高温高压，腐蚀性大的流体场合。

16 怎么进行泵的切换？

在被泵启动前做好检查工作，并联系班长或相关操作员，带有预热预冷的泵确认是否处于该状态。启动备用泵，待出口压力和电流稳定后，应逐渐打开备用泵的出口阀，同时应关小运行泵的出口阀，以保持工艺条件的稳定，直至运行泵的出口阀关至最小流量点而备用泵达到要求时，停运行泵。带有最小流量的泵的切换也是如此，只是启动前应把最小回流阀打开后再起泵，在做相关的操作。

17 从操作角度说明什么原因会使泵抽空？

（1）入口管线过滤器堵，没有介质通过。

（2）泵吸入管线有漏气现象。

（3）操作介质参数的改变。

（4）泵入口压力等于或小于操作温度下被吸入液体的饱和蒸气压。

（5）贮液罐液位低。

（6）泵启动前没有灌泵或灌泵后气体没有排净。

18 泵抱轴的原因有哪些？

（1）润滑油少或无。

（2）润滑油变质。

（3）用错润滑油。

（4）带有冷却水套的，没有投用或中断。

（5）油箱污垢太多。

（6）启动前为盘车，不知转动是否灵活。

（7）部件有磨损或卡住现象还续续运转。

（8）检查不仔细或发现较晚。

无论哪种原因发生的抱轴，及时发现均可避免，勤细检查是关键，一旦发现抱轴立即停泵。

19 换热设备日常维护内容有哪些？

换热设备的日常操作应特别注意防止温度、压力的波动，首先要保证压力稳定，绝不应超压运行，尤其是在开停工进行贯通扫线时，最易出现泄漏问题。

20 离心泵启动前应做哪些检查工作？

（1）检查润滑油系统是否有问题，确保油质、油位正常。

（2）检查电机是否送电。

（3）带有冷却装置或密封系统的，检查是否投用，并保持畅通。

（4）检查各种压力和温度表是否好用。

（5）检查盘车情况是否灵活。

（6）带有预冷预热的泵，检查是否预冷预热合格。

（7）检查泵的出入口阀的状态，入口阀全开，出口阀全关，带有最小回流线的泵打开最小回流阀。

（8）检查灌泵是否合格。

21 离心泵启动时为什么要灌泵？

离心泵的主要作用是输送介质到所需的地方，如果没有灌泵，泵体内肯定有气体，启动后肯定有气缚现象，这样吸液室内不能形成足够真空，离心泵便没有抽吸液体的能力，也就达不到要求，根本输送不了介质。如果长时间这样运转下去，就会损坏设备，所以启动前一定要灌泵。

22 **压缩机轴承回油温度正常是多少？最大是多少？**

压缩机轴承回油温度正常为 55～75℃，最大为 85℃。

23 **平衡活塞的作用是什么？**

由于转子组合件的轴向推力指向压缩机入口侧，为了减少这种推力，在转子排气端装了一个平衡活塞并在排气端挡板之间装上了迷宫密封，平衡活塞的内侧面承受出口气体的压力，而外侧（向出口侧）用一平衡管接出返回气体入口侧，运转时这条返回线一定要畅通，否则平衡活塞就失去了平衡作用。

24 **大气安全阀的作用是什么？如何判断其状态？**

大气安全阀对复水器起保护作用。当排气温度超高引起复水器压力达到一定压力，该阀起跳，起手柄旋出时，该密封阀处于使用状态，反之回水停用。

25 **检修期间对两种液体分离的分离罐清扫时必须注意什么？**

对于有 3 个腔的分离罐，不仅要将个腔清扫干净，更重要的是注意混合腔与另一个腔相连的管线的清洁，否则在开车后，可能引起不可处理的事故。

26 **如何检查复水系统的密封性？**

（1）将复水系统引入除盐水，启动复水系统进行循环，投各水封。

（2）投开车喷射泵使复水系统形成负压，对各密封点进行检查。

（3）真空度维持正常，证明密封性好。

27 **真空泵为何要先投 2 级后开 1 级？**

这是因为 2 级冷凝的不凝气可以排到大气，而 1 级冷凝器中的不凝气不能直接排入大气，只靠 2 级抽走。若先开 1 级，1 级冷凝中的冷凝器逐渐积累，引起压力上升，压力接近 MC 时，喷射泵就不起作用了。

28 什么是缸体？

缸体是机器的壳体，又称机壳。因汽轮-压缩机组的工作介质是气体，所以通常又叫汽缸，以水平部分为中分面的，上下壳体分别叫上汽缸和下汽缸，两半缸之间用螺栓连接。具有内外两层壳体的，内壳体叫内缸，外壳体叫外缸。

29 缸体的主要作用是什么？

缸体的主要作用是将通流部分与大气隔离，保障介质在汽缸内完成能量转换过程。

30 三机正常运转的油温应是多少？为什么低于 30℃ 时压缩机不能升速？

正常运转时油温为（49±3）℃，油温过低会使轴瓦上的油膜增厚，若升速会产生震动损坏轴瓦。

31 投用密封油机体为何要充压且至少在 0.05MPa 以上？

若机体为常压，则密封油会通过内密封环进入机体，造成密封油泄漏。

32 油箱的作用是什么？

油箱的作用是储存油系统所需要的全部用油，散热（加热）及沉淀油中部分机械杂质或分离油中夹带的气体和水分。

33 油冷器怎样进行切换？

（1）松开相应的六通阀的锁紧手柄。

（2）迅速旋转六通阀，切换手柄至备用油冷器的操作位置。

（3）检查有无异常现象，若有，查找并处理。

34 转轴和轴封有哪几种？各有什么特点？

有填料密封和机械密封。填料密封具有安装、检修方便，价格便宜的优点，但其密封性能不太好。机械密封具有密封性能好，不容易产生泄漏等优点，但其安装精确度要求高，价格昂贵。

35 什么是压缩比？

压缩时出口气体的绝对压力与入口气体绝对压力之比称压缩比。

36 迷宫密封有哪几种？

迷宫密封又叫曲径式密封。常见的有直通形、曲折形、阶梯形、蜂窝形等四种。直通形一般应用于低压，密封效果较差；曲折形应用最广泛，品种繁多，密封效果也较直通形好；阶梯形多用于平衡盘、压缩机轮盖及某些受轴向尺寸限制的场合；蜂窝形密封效果最佳，但制作工艺相对较复杂，成本较高，因结构原因对材料强度要求也较高。

37 迷宫密封的工作原理是什么？

迷宫密封是由很多梳齿与很多轴套交替的凸头和凹槽组成的狭窄而曲折的汽道，漏汽每经过一个轴封梳齿压力就会降低，流动方向不断改变。在扩容室中产生涡流速度不断减弱，这样连续向后通过很多梳齿后压力降至大气压，流过轴封的蒸汽量与轴封间隙的大小和轴封梳齿的数目多少有关。轴封梳齿越多，轴封间隙越小，漏流量越小。

38 迷宫密封有哪些优点？

（1）适宜于高转速，转速较高的情况下比低速下的密封效果反而好。

（2）属于非接触密封，无须润滑，宜用于高温、高压场合，允许热膨胀，功耗少。

（3）维修简单，如果制造、装配、运行方式合理，使用周期长。

（4）对材料要求不高，制造成本低。在无温度和防腐等特殊要求的情况下，一般可采用铝材、青铜或碳钢制成。工业汽轮机的高压端汽温＜500℃时，可用 1Cr18Ni9Ti；压缩机的气体有腐蚀作用时，可采用不锈钢箔片。

(5) 不受被密封部件尺寸大小制约，尤其是用在大尺寸的部件上，比其他密封投资成本低，运行可靠性要强。

39 如何将乙烯罐中残存的液态乙烯倒空交于检修？

(1) 切断所有进出储罐的物料，并增设盲板。

(2) 打开罐底 LD 缓慢向干火炬罐排放，同时投用干火炬加热系统。

(3) 确认罐底无液位后，将罐顶泄压阀打开将罐压泄至干火炬系统。

(4) 用 N_2 置换罐内残存的乙烯，至烃含量小于 0.2%（体积分数）。

(5) 确认盲板与外界系统隔离后，对罐内通入压缩空气至罐内氧含量达到 20%。

(6) 对系统进行泄压至常压后，打开人孔检修。

40 裂解气压缩机能否在低负荷下长期运行？

若裂解气压缩机长期在低负荷状态下运行，会对透平产生如下影响。

(1) 缩短透平的使用寿命，易引起透平的振动。

在低负荷状态下运行时，调速阀开启较小，透平第一级叶轮上的叶片呈局部进汽状态，叶片只能在转到进汽区时才能进汽，一旦转离进汽区，进汽马上停止，这必然使第一级叶片的进汽断断续续，而蒸汽在通过叶片时由于减压做功会在叶片上产生作用力，由于进汽的不连续性，会使作用在叶片上的力因高频脉冲状引起透平的振动，另外由于低负荷时，通过蒸汽的量较小，所以一级后压力肯定低于额定值，这样作用在第一级叶片上的蒸汽量和压力降肯定超过额定值，使叶片的应力成倍增加，缩短透平的寿命。

(2) 由于调速阀长期处于节流态，阀芯磨损较严重。

（3）使得蒸汽的静压能部分损失在阀门上。

（4）透平在低负荷时效率低，机组的运行经济性也会较差，在低负荷运行时，压缩机的防喘振返回阀必须打开，则压缩机的循环量加大，功耗也会增加，同时汽油汽提塔、凝液汽提塔负荷也会相对变大，所以裂解气压缩机不能长期在低负荷下运行。

41 离心式压缩机的主要优点有哪些？

（1）容量大，结构紧凑占地面积小。

（2）结构简单，易损件少，检修方便。

（3）运转效率高，使用寿命长，可以单机连续生产。

（4）工艺介质流通部分无润滑油，输送介质不会被润滑油污染。

（5）可用高速汽轮机直联，实现高速旋转。

（6）运转平稳，振动小，噪声低。但离心式压缩机安装技术要求高。

42 升速暖机时要注意什么问题？

（1）要注意转子同缸体因热膨胀不同而引起的轴向间隙的变化，尽量缩小这种变化。

（2）应注意机组因缸体膨胀不均引起的振动，如振动太大应停机重新启动或延长低速暖机时间。

（3）注意调节各段间的压力和温度。

43 三机为何设润滑油高位槽？

当润滑油压力低，在辅泵启动前，润滑油高位槽将向润滑油总管供油，缓冲润滑油压力下降的幅度，保证润滑油油压高于联锁值，防止由于油压过低造成压缩机联锁停车。

44 电机为什么不能连续多次启动？

电机在正常运转中不能超过其规定的额定电流，若超过会使电机严重发热，缩短电机寿命。电机启动电流为额定电流的 $3\sim8$ 倍，在这种情况下，如果连续多次启动电机会使电机发热，甚至烧毁电机，特别是功率较大的电机。

45 **与油路密封相比，干气密封具有哪些优点？**

（1）密封使用寿命长。

（2）功率消耗低。

（3）不会产生油气污染现象。

（4）减少了气体泄漏。

（5）辅助系统简单。

46 **哪些流程适宜应用热泵？**

（1）塔顶与塔底温差小的系统。

（2）塔压降较小的系统。

（3）被分离物系的组成因沸点相近而难以分离，需较大回流比且消耗大量加热蒸汽的系统。

（4）低压精馏过程需要制冷设备的系统。

47 **气动薄膜调节阀结构有哪些？**

调节阀结构包括膜片、圆盘、平衡弹簧、调节螺母、阀杆、阀体、填料函、阀芯、阀座。

48 **离心式压缩机在防喘振调节中，怎样协调安全与节能的关系？**

离心式压缩机防喘振系统的正确运行，不仅对设备安全至关重要，而且对机组功率消耗乃至工厂的经济效益都有十分重要的意义。作为运行人员，应以安全为前提，尽可能降低压缩机功率消耗，提高运行效率。注意事项如下。

（1）防喘振给定裕量要适当。

（2）多回路的防喘振系统要注意高低缸之间的流量分配关系。

（3）正确对待防喘振阀开度同机组转速的关系。

（4）防喘振系统应投入自控运行。

49 **机组冲转时，为什么要控制冷凝器内合适的真空？**

（1）当冷凝器内真空过高时，转子阻力小，冲动时消耗的蒸汽量小，调节系统有微小的波动，转速都会发生较大幅度的波动，使之难以稳定。

（2）随着暖机转速的升高，工业汽轮机所消耗的蒸汽流量应相应增加，但由于排汽压力过低，则进气量相对较少，达不到预期的暖机效果。

（3）冷凝器内真空度过低，转子冲动时则阻力大。

50 压缩机段间吸入罐为什么要设高液位联锁？

离心式压缩机依靠叶轮带动气体作高速运动来提高气体的动能，然后在气体流速降低的过程中，通过动能转变为静压能，实现提高气体压力的目标。实践证明，不同密度的气体通过相同的叶轮所产生的最终压力是不一样的，若入口压力相同，密度大的气体可产生较高的最终压力，而密度小的气体最终压力也较低。也就是说，在其他条件确定后，通过叶轮的气体所能达到的最终压力主要由气体的旋转速度和密度决定。正是由于密度对叶轮出口压力影响很大，所以一旦液体进入叶轮，将产生巨大的出口压力，同时液体受热会急剧汽化使压力波动，其结果轻则引起机器超负荷运行、重则把叶轮和机壳损害引起重大事故。所以，裂解气压缩机段间吸入罐要设高液位联锁，防止由于高液位使气体带液进入压缩机。

51 为什么真空度下降，排汽温度就会升高？

真空度下降后，背压相应升高。在一定的背压下，有一定的饱和温度，所以排汽压力升高，排汽温度相应升高。

52 压缩机为什么不能长时间电动盘车？

乙烯装置的压缩机组的轴承采用的是动压轴承。所谓动压轴承是依靠轴颈本身的回转速度把润滑油从间隙大处带入间隙小处形成油楔，产生动压油膜，把轴承托起，使轴颈与轴瓦隔开。电动盘车即转子在低速下转动，难以形成动压油膜，造成轴承和轴瓦的干磨，长时间的电动盘车，会损坏轴承和轴瓦。

53 **背压式汽轮机排汽管线上为什么装有安全阀？**

背压式汽轮机运行时，一旦用户的用汽量突然减少，排汽压力就会升高，压力升到一定数值后，排汽管线上的安全阀就会启跳，起到保护机组安全运行的作用。

54 **转子临界转数与哪些因素有关？**

转子的临界转数与轴承跨度、联轴节重量以及轴的结构、刚性、轴上载荷及其在轴上的分布、支座形式等因素有关，使转子的自然振动频率不同。

55 **压缩机平衡管起什么作用？**

压缩机平衡管能平衡压缩机转子轴向力，减轻止推轴承负荷。

第四节　压缩系统的异常处理

1 **机泵盘不动车的原因有哪些？**

（1）泵体内的介质凝固或冻固。

（2）长时间没有盘车或试运。

（3）部件损坏或卡死。

（4）轴弯曲严重。

（5）泵体内部有杂质。

（6）轴承抱轴。

（7）口环"咬死"。

2 **泵润滑变质的原因有哪些？**

（1）采用了不合格润滑油。

（2）加油、换油或检查时掉入脏东西。

（3）油箱长期不清洗，积垢较多。

（4）加油未经三级过滤或过滤网破损。

（5）轴承箱挡油环密封不好，有水进入轴承箱。

（6）轴承箱内件损坏，使润滑油温度过高，使油变质。

3 **什么是喘振？如何防止？**

在压缩机运行过程中，流量不断减少，达到最小流量，就会在压缩机的流道内产生严重的旋转脱离，流动严重恶化，使压缩机出口压力突然下降，由于和压缩机出口相连的管网中压力并没有马上降低，导致气体倒流向压缩机。当出口压力和管网相等时，压缩机又能正常工作，但当管网压力不断增大，流量不断减小时，系统又产生倒流现象，这样气体周期性的振荡称为喘振。

压缩岗位主要是通过流量返回阀来控制压缩机的流量，防止喘振。

4 **透平出现水击的原因和现象有哪些？**

原因：（1）新蒸汽温度急剧下降，温度低于极限值或温度下降的速度超过极限速率；

（2）锅炉运行不正常，蒸汽大量带水；

（3）透平启动或低负荷运行时，暖管暖机不当，没有及时打开疏水阀或各导淋排放，造成蒸汽带水或汽缸存水。

现象：（1）透平进气温度指示急剧下降；

（2）从蒸汽管道法兰、透平轴封及轴封放空管，汽缸结合面等处冒出白色的湿蒸汽或溅出水点；

（3）清楚地听到蒸汽管和透平机体内有水击声；

（4）机组振动明显增高，止推轴承回油温度或轴承钨金温度上升，机组内发出金属噪声沉闷的噪声。

5 **什么是临界转速？在临界转速下运行会发生什么现象？**

在某一转速下，强迫振动频率与转子的自振频率相等，此时，由于转子平衡产生的离心力等于弹性力，这一转速叫临界转速。

机组在临界转速下运行，会产生剧烈振动，长期运行会发生机组损坏。

6 蒸汽温度高低对透平有何影响？

蒸汽温度过高，会使透平材料机械强度减小，容易造成隔板变形，疏齿密封损坏，影响机械适用寿命。蒸汽温度过低，造成蒸汽损耗增加，动、静叶片过负荷，还会增加轴向力。严重时造成水击，叶轮叶片损坏，影响机组正常运行。

7 常见的引起压缩机轴振动加大的原因有哪些？

（1）转子的变形，在暖机的过程中温升太快，使转子弯曲产生不平衡而激发振动。

（2）汽轮机系统带液，由于操作不当，系统带液，使叶片（尤其是末级叶片）断裂而产生不平衡，引起振动。

（3）被压缩气体带液，由于被压缩气体带液引起不平衡冲击力而产生振动。

（4）暖机时机体导淋未打开或堵塞引起带液，从而产生振动。

（5）介质在叶轮上结垢或介质将叶轮局部腐蚀所引起的不平衡也导致振动。

8 透平开车时为什么不能过早通入密封蒸汽？

在暖机时透平是冷的，轴是冷的，若过早通入密封蒸汽，易造成密封腔内局部过热，会使轴弯曲，一般暖机 20min 后通入密封蒸汽。

9 在油泵切换时，机组跳闸停车可能的原因有哪些？

（1）油压不稳。

（2）在泄压线中存有空气。

（3）辅助油泵开关事故。

（4）背压式调节阀导压线事故。

（5）跳闸开关故障。

10 引起压缩机的轴承温度高的原因有哪些？

（1）轴承供油不足。

（2）油状况差，油脏造成轴承内有淤积物。

（3）轴承润滑效果差。

（4）压缩机安装找正不好。

（5）转子的过度振荡。

（6）机体轴承间隙过小。

11 什么是机械振动？机械振动的形式有哪些？

任何一种机械设备，组成它的零部件，包括安装基础，都可以认为是一个弹性体，在一定条件下，弹性体在平衡位置附近作来回往复机械运动，这种有一定时间间隔的往复机械运动就称为机械振动。其基本类型有强迫振动和自激振动两大类。其中表现为强迫振动的形式居多。

12 润滑油进口总管温度过高的原因有哪些？

（1）油冷器工作不正常，空气未排尽，冷却水流量不足或进水温度升高，管程水侧结垢。

（2）油箱油位过低，油在箱内停留时间过短。

（3）油箱加热器误开。

（4）油冷器换热面积偏小，在夏季高温环境下油温升高。

13 润滑油进口总管压力过低的原因有哪些？

（1）油泵工作不正常，流量不能满足要求，泵出口压力下降。

（2）润滑油自动调压阀或溢流阀出现误动作或卡涩。

（3）手动溢流调节阀因水平安装或倒置安装而又靠近振源，在阀芯有松动的情况下，出现自行回开现象。

（4）油管路上手动阀门开关位置不对或垂直安装了管路上的阀门芯脱落。

（5）油管路上的止逆阀因长期漏检，阀芯出现卡涩、脱落。

（6）油过滤器进出压差过大，过滤网脏。

（7）容积式油泵出口安全阀内漏或起跳。

14 轴承中油膜的作用是什么？油膜"三要素"指什么？

油膜是轴承正常工作的必要条件，如果膜层被完全破坏，轴承在高速下顷刻间会被烧毁。

油膜三要素是：①两工作表面要有楔形间隙；②两滑动面要有一定的相对速度；③工作面间要有一定黏度的润滑油。

15 **什么是油膜振荡，产生的危害有哪些？**

油膜振荡是一种典型的自激振动，多发生于一些轴承单位面积负荷较小（轻载）、转子相对细长、临界转速较低的大型或特大型电力汽轮机组上。汽轮-压缩机组发生油膜振荡，转子运行极不稳定，轴承发生强烈振动，而且这种振动在较广泛的运行转速范围内不能减弱，轴承温度上升，甚至轴瓦很快被磨损，造成事故停车。

16 **引起压缩机轴承温度高的因素有哪些？**

（1）轴承的供油不足。

（2）油状况差，油脏造成轴承内有瘀积物。

（3）轴承润滑效果差。

（4）压缩机安装找正不好。

（5）转子的过度振动。

（6）机体轴承间隙过小。

17 **裂解气压缩机某段压缩比增大的原因有哪些？**

（1）段间冷却器壳程结垢严重堵塞流道。

（2）吸入管线过滤网堵塞。

（3）吸入罐除沫网结垢。

18 **在丙烯压缩机开车过程中，若一段吸入压力居高不下，提转速亦无效，如何处理？**

在丙烯机开车过程中，若一段吸入压力居高不下，提转速亦无效时，这说明当前压缩机的负荷过高，在保证压缩机不喘振前提下，应调整（减小）各段回流阀开度，降低负荷，这样情况会好转。

19 压缩机和透平轴位移超标有何危害？

　　轴位移变化说明机器的转动部分与静止部分相对位移发生变化。如果轴位移过大超出动静部分最小轴向间隙时，将会发生摩擦，使机组损坏，甚至引起推力轴承的乌金熔化。

20 制冷压缩机一段吸入罐压力高的原因是什么？

　　(1) 透平出力不够，转速不到位：①驱动蒸气压力、温度低；②排汽压力高；③透平机械问题，如结垢、调速器故障等。

　　(2) 压缩机吸入过负荷：①返回量设定不当；②返回阀有不当开度；③用户负荷过大。

　　(3) 压缩机吸入性能不好：①吸入温度高；②入口管线止逆阀或过滤器、除沫器堵；③吸入气体太轻，轻组分窜入太多。

21 运行中引起轴承故障的常见原因有哪些？

　　(1) 润滑油量不足或中断。

　　(2) 轴承进油处的旋塞调节不当或被堵塞；回油管路不畅通；油箱油位过低，离心式油泵内有空气而吸不上油产生空转。

　　(3) 润滑油中含有较大颗粒的机械杂质，滤网过滤效果差，使巴氏合金（甚至止推盘和轴颈）拉毛、刮伤，油膜遭破坏。

　　(4) 径向轴承振动过大，时间长且频繁，引起巴氏合金局部龟裂和剥落，油膜难以形成。

　　(5) 转子因各种原因［如喘振、水冲击、缸体内级间或段间汽（气）封严重泄漏等］产生交变轴向推力过大，使止推轴承过负荷甚至烧瓦。

　　(6) 油冷器冷却水量不足或中断，使进入轴承的油温过高，油的黏度下降过多，油膜难以形成，而且轴承中的热量不能带走，严重时出现烧瓦。

　　(7) 油中夹带水或存有空气，使油膜被破坏。

　　(8) 检修质量控制不严，轴承自身遗留问题未解决甚至滋生出新的故障源。

22 哪些情况下，三机应局部紧急停车？

局部紧急停车一般是由某一压缩机公用工程、工艺系统、油路系统、复水真空系统、设备机械和调速系统故障等触发联锁动作或人为为保证压缩机安全而采取的措施。当发生下列情形时，应局部紧急停车：某一压缩机出口压力上升难以控制，压缩机严重喘振，工艺设备管线破损泄漏，复水器液面高而不降等；威胁压缩机械体安全的恶劣工况，公用工程系统发生电源故障、冷却水故障、蒸汽故障等；对全装置安全生产有威胁但又可能在短时期内恢复，某一压缩机系统设备故障或调节阀故障，且对压缩机械继续运行构成威胁。

23 防止喘振的三种方法是如何控制压缩机喘振的？

（1）用旁路返回到低压段。该方法为一般采用的方法，通常由于压缩机运转开始时流量小或工艺运行时流量小，引起压缩机喘振，通过规定最小流量值，保证气体流量大于最小流量，当气体流量低于最小流量值时，旁路返回调节阀开启，将排出气体部分返回压缩机低压段入口，从而起到防止喘振的目的。

（2）调整转数控制喘振。从特性曲线可知，转数降低时，喘振点向左移动，因而可通过调整转数来达到控制喘振的目的。

（3）调节控制入口流量。采用进口节流，使压缩机进口压力降低，由于压缩机转数不变在同一流量下出口压力下降，节流后的特性曲线相应改变，因此，改变进口节流阀门位置，可相应改变压缩机性能曲线位置，利用这一点可以进行调节，防止喘振。

24 压缩机在运行中怎样防止浮环密封损坏？

（1）注入浮环密封的密封油压力要适当，油压过高，油量太大，会使通过密封的油处理量增大，油压过低，油膜难形成，使密封失效。

（2）密封油必须清洁，防止杂质进入浮油内造成内侧巴氏合金拉坏。

（3）低速暖机时，转速不宜过低，同时，时间不宜过长。

（4）停车后不能长时间低速下连续盘车。

25 最小流量返回阀为什么设计成慢关快开阀？

在手动调节时如将最小流量返回阀调节过猛，关闭速度过快，将会造成流量减小过快，易造成喘振或失速，所以设计成慢关阀。

设计成快开的目的：

（1）喘振发生时，有利于在自动状态下返回阀及时打开，消除振动，同时可以减少阀门动作的滞后现象，防止喘振加剧；

（2）在紧急停车时由于透平供汽中断，转速会迅速下降，此时返回阀如不能及时打开，势必会造成喘振。

26 复水器真空度下降的危害是什么？

（1）真空度下降，将引起轴向推力增大，轴位移增大。

（2）真空度下降，将引起透平低压缸排汽温度上升，增加低压缸的热膨胀，影响对中，出现同轴不同心现象，引起机组振动。

（3）真空度下降，将使汽轮功率降低，蒸汽能耗增大。

（4）真空度下降，将使复水温度上升，影响复水泵的上量。

27 透平停机时为何要保证一定的真空？

（1）透平刚停车时，转速还很低高，保持真空就可以使汽缸内的残留蒸汽减少，从而防止鼓风作用使汽缸内零、部件重新被加热，破坏正常的冷却过程。

（2）保持一定的真空，可以防止冷空气进入汽缸内对高温下的汽缸和零、部件产生急剧的局部冷却。

（3）可以保持汽缸内部的干燥。因为在较低的压力下，汽缸内的积水可以全部蒸发。

（4）维持一定的真空，降低透平转速，可以在相同的条件下，比较每次停机的惰走曲线。

28 压缩机停车后，油路系统为何要继续运转一段时间？

压缩机停车后尚需盘车，需要提供润滑油防止机械磨损，同时润滑油能带走部分热量，因而润滑油系统必须正常运转，为防止机体内可燃气体漏入大气，密封油系统也需正常运转。

29 汽轮机超速跳闸动作后，为什么转速降到一定转数后才能复位？

因超速动作后，转速很高时偏心锤飞出后不能复位。此时，若搬动复位杠杆复位，很可能使二者相撞损坏设备。

第一节 分离系统的性质特点

1 烃加氢催化剂的毒物是什么？怎样防止中毒？

毒物是：H_2S、CO、CO_2 砷及部分重金属。

防止催化剂中毒的措施：碱洗要合格，甲烷化反应要彻底，裂解原料中的砷要确保除去。

2 3Å 或 4Å 分子筛中 Å 是什么意思？

Å 为一长度单位，表明分子筛的孔径。$1Å = 10^{-10} m$。

3 乙炔加氢的反应式是什么？

$$C_2H_2 + H_2 \longrightarrow C_2H_4$$
$$C_2H_2 + 2H_2 \longrightarrow C_2H_6$$
$$C_2H_4 + H_2 \longrightarrow C_2H_6$$
$$nC_2H_2 + mC_2H_4 \longrightarrow 低聚物（绿油）$$

4 丙炔、丙二烯加氢主副反应方程式是什么，反应控制条件有哪些？

主反应： $CH_3-C\equiv CH + H_2 \longrightarrow CH_3-CH=CH_2$

$CH_2=C=CH_2 + H_2 \longrightarrow CH_3-CH=CH_2$

副反应：$CH_2=CH-CH_3 + H_2 \longrightarrow CH_3-CH_2-CH_3$

反应控制条件：温度 $45 \sim 80℃$；压力 2.5MPa；催化剂

Pd（钯）。

⑤ 什么是全馏分加氢和产品加氢？

全馏分加氢即脱乙烷塔顶出来的 C_2 物料或脱丙烷塔顶出来的 C_3 物料全部进行加氢（包括回流量）。

产品加氢：是除去回流外，将产品进行加氢。

⑥ 产品加氢的特点是什么？

产品加氢的特点：操作方便而且处理量比全馏分加氢少，进口乙炔浓度一般在 1.5% 以下（大多数在 1% 以下），当浓度超过 1.5%，以采用全馏分加氢为宜，否则加氢反应器床层温升太大，因两种加氢流程在经济上差不多。

⑦ 全馏分加氢的特点有哪些？

全馏分加氢的特点：乙炔浓度小（一般约为 0.5%），所以加氢反应温升小，操作较为安全，而且不需要设中间冷却器，缺点是需处理的量比产品加氢大得多，使乙炔加氢反应器容积增大，全馏分加氢时脱乙烷塔操作压力较高，接近于临界数值，使操作困难，可能出现不稳定的情况。

⑧ 冷区的岗位任务是什么？

分离冷区岗位是将压缩后的裂解气经干燥、深冷、加氢和精馏等过程单元，制得高纯度乙烯、氢气等产品，同时副产甲烷氢燃料气，以及完成乙烯储存，乙烯各规格产品输送。

⑨ 什么是气缚？

因泵内存有气体，使泵不上量的现象叫气缚。

⑩ 双脱丙烷塔工艺有何优点？

采用双脱丙烷塔系统不仅满足了改扩建后对生产能力的需要，同时也减轻了丙烯冷剂系统的负荷。另外，由于采用双塔流程，脱丙烷塔釜温都低于 80℃，大大提高了塔再沸器的运行周期。

11 选择催化剂的原则是什么？

原则是：高活性，高选择性，机械强度高，耐热性好，寿命长，价格低。

12 裂解气中的水是怎么来的？

水主要来自以下几方面：

(1) 由于裂解原料在裂解时，加入一定量的稀释蒸汽；

(2) 裂解气在急冷塔中用急冷水洗涤；

(3) 在脱除酸性气体中的碱洗、水洗处理。

13 简述裂解气中 CO 的来源及危害是什么？

裂解气中的 CO 来自 DS（稀释蒸汽）同炉管内的结炭发生的水煤气反应，方程式为：

$$H_2O + C \longrightarrow CO + H_2$$

危害：(1) 由于本装置加氢脱炔反应所用氢气是脱甲烷塔尾气所得的富氢，其中含有 CO，当含量较多时将引起加氢催化剂中毒；

(2) 如混入产品乙烯中，则聚合后影响聚乙烯电性能，使其介电损耗增大，一般在聚合级乙烯中 CO 含量 $< 1 \times 10^{-6}$。

14 怎样选择最适宜回流比？

回流比增大，操作线远离平衡线，塔板数减少，设备投资少。回流比太大，操作费用增加。

回流比减少，操作线接近平衡线，塔板数增多，设备投资大，但操作费用减少。

实际回流比以设备费和操作费用之和最小为原则，应是最小回流比的 1.2～2 倍。

15 调节吸收塔有哪三大要素？

调节吸收塔的三大要素是：增大吸收剂用量，降低吸收剂温度，降低吸收剂入口含量。

16 为了使气、液均匀接触，吸收塔结构上采取什么措施？

为了使气、液均匀接触，吸收塔应装填填料，使用液体分布器和液体再分布器。

17 分子筛用作吸附剂，具有哪些特点？

（1）具有极强的吸附选择性。

（2）具有较强的吸附能力。

（3）吸附容量随温度变化。

（4）吸附容量与气体线速度有关。在绝热条件下，气体线速度对分子筛吸附容量的影响小。

18 为什么干燥器在进行冷吹时，出口温度低于入口温度？

由于干燥器的冷吹是用高压甲烷在常温下把干燥剂表面的液体汽化，解吸，而解吸和汽化均为吸热反应，所以出口温度低于干燥器的入口温度。

19 反应器使用一段时间后，为什么要进行再生？

在催化剂使用过程中，由于炔烃自聚生成的聚合物（绿油）覆盖在催化剂的表面，故影响催化剂的活性、随着使用时间的增加，催化剂的活性越来越差，不得不相应提高反应温度，但温度的提高又使绿油生成量增加，催化剂的活性就更差，因此达到一定条件时，为了使催化加氢反应正常进行，就必须进行再生。

20 低压法脱甲烷有何优点？

（1）在低压下甲烷对乙烯的相对挥发度增大，有利于分离。

（2）塔釜加热省掉一个外来热源（丙烯），改为裂解气本身加热，从而节省能量。

21 何为乙炔加氢反应中的"飞温"，有何危害？

飞温是在很短的时间内，床层局部温度急剧上升到约 400℃ 的现象。在加氢过程中，若飞温得不到及时正确的处理，就会使乙烯等物质在钯催化剂的作用下发生分解反应，继续放热，当温度足够高、停留时间足够长时，又发生非接触放热反应，引起分解爆炸。

22 甲烷化反应方程式是什么？反应条件是什么？

甲烷化反应方程式：

$$CO + 3H_2 \longrightarrow CH_4 + H_2O$$
$$CO_2 + 4H_2 \longrightarrow CH_4 + 2H_2O$$

反应控制条件：温度 288℃；压力 3.1MPa；催化剂 Ni（镍）。

23 甲醇解冻的原理是什么？

甲醇的熔点为 -97.8℃，它与水的混合物冰点很低，且极易溶于水，使烃水混合物溶解，并排出系统。

24 高压脱丙烷塔塔釜温度控制过低或过高，对系统有何影响？

（1）高压脱丙烷塔塔釜温度控制过低，则低压脱丙烷塔塔釜中碳三浓度上升，低压脱丙烷塔塔釜液流量增大，从而使双塔脱丙烷系统内循环量过大，低压脱丙烷塔将发生液泛等后果。

（2）高压脱丙烷塔塔釜温度控制过高，则可使塔顶碳三产品中碳四含量超标，并影响后系统的正常运行。

25 低压脱丙烷塔塔灵敏板温度过低或过高，对系统有何影响？

（1）低压脱丙烷塔塔灵敏板温度过低，则碳三将带入脱丁烷塔，碳四产品中碳三将超标。

（2）若低压脱丙烷塔塔灵敏板温度过高，则将使双塔脱丙烷系统操作混乱，表现为内循环量增大，并可能使碳三中碳四等重组分超标，影响碳三加氢反应及丙烯精馏塔的正常运行。

26 为什么采用双脱丙烷塔流程比采用单脱丙烷塔可降低塔釜物料的聚合速度？

因为双脱丙烷塔是不同组成进料分流，含丙二烯浓度较高的凝液汽提塔塔釜液进入低压塔，丙二烯含量相对较少的脱乙烷塔釜液进入高压塔，由于高压塔丙二烯浓度较低，聚合问题不易发生，低压塔丙二烯浓度虽然较高，但塔压塔釜温度较单脱丙烷塔低得多，所以丙二烯聚合速度也会大大降低。

27 塔釜采出量的大小对精馏操作有什么影响？

塔釜采出量的大小会影响塔的平衡。当进料量不变时，堵釜采出量过大，会降低塔釜液面或抽空，这将使通过蒸发器的釜液循环量减少，从而导致传热不好，轻组分蒸不出去，塔顶、塔釜产品均不合格；釜液采出量变小时，会引起液面过高，增加釜液循环阻力，同样造成加热不好，使产品不合格。对于易聚合的物料，釜液面过高或过低，都全造成停留时间加长，增加聚合的可能性。

28 如何判断冻塔和液泛？

很明显的冻塔症状是塔压增大，当加大塔顶采出，减少回流量和降低釜温等措施后，压差仍不降低。发生冻塔时，塔釜液面波动大，严重时，液面几乎不能建立，同时回流罐液面波动幅度大，全塔温度分布异常，塔顶气体带液，产品纯度变差。液泛症状与冻塔情形颇为相似，但在液泛现象中的塔压差变化可通过采取相应措施后可以恢复，与冻塔有区别。

29 塔顶采出量的大小对精馏操作有何影响？

当进料量不变时，若塔顶采出量增大，则回流比势必减小，引起各板上的回流量减小，气液接触不好，传质效率低，同时操作压力也将下降，各板上的气液组成发生变化，结果重组分带到塔顶，塔顶产品不合格。在强制回流操作中，如进料量不变，塔顶采出量突然增加，则易造成回流罐液面抽空，回流液中断，顶温升高，从而影响塔顶产品质量。如进料加大，但塔顶采出量不增加，其后果是回流比增大，塔内物料增多，上升蒸汽速增大，塔顶与塔釜的压差增大，严重时会引起液泛。

30 甲烷化出口温度升高是哪些原因造成的，如何处理？

甲烷化出口温度升高原因：

（1）甲烷化反应器入口氢气中乙烯含量高，因为乙烯在较高温度下的分解是放热反应；

（2）氢气中 CO 含量大。

对于第一种情况来说，要调整好冷箱的操作，控制好各点温度；对于第二种情况来说，要调整好乙烷炉注硫量，控制好乙烷炉的裂解深度。

31 对于一个精馏塔，进入和离开塔的热量有哪几项？

进入精馏塔的热量有：①加热介质带入的热量；②回流带入的热量；③原料带入的热量。

离开精馏塔的热量有：①塔顶蒸汽带出的热量；②塔釜残液带出的热量；③损失于周围的热量。

32 精馏塔分离效果不好，顶釜都不合格的原因是什么？如何处理？

原因：（1）操作条件不合适；

（2）操作不稳，调节过猛过频繁；

（3）塔板元件堵塞或塔板冲翻。

处理方法：（1）调整操作条件到合适的操作范围；

（2）调节不要过于频繁，应从前到后稳定操作；

（3）停车检修，清理塔板。

33 精馏塔塔压升高的原因有哪些？如何处理？

塔压升高的原因有：（1）冷凝器的冷剂量不够；

（2）塔顶馏出管堵塞或调节阀故障；

（3）有大量不凝气；

（4）塔釜加热量过大。

处理方法：（1）加大冷剂量；

（2）处理管线和调节阀；

（3）检查上道工序在操作上有什么问题，轻组分放火炬；

（4）对塔进行调整控制好温度。

34 装置采用选择加氢脱除丙二烯、丙炔流程，丙烯精馏塔塔釜丙烷产品分析对工艺操作有何指导意义？

（1）丙烷产品中 $C_3^=$ 超标，则应调整塔釜加热量和塔顶采出量，避免 $C_3^=$ 损失。同时考虑各自装置流程和丙烷用途不同，如现大多装置以丙烷作为循环丙烷同循环乙烷或同石脑油混合共裂解，以提高装置乙烯、丙烯收率。丙烷产品中 $C_3^=$ 超标会加剧裂解炉结焦，丙烷若 $C_3^=$ 含量过低则应防止塔顶 $C_3^=$ 产品中 C_3^0 超标。

（2）若 MA、PD 超标，则应调整碳三加氢反应器的注氢量和入口温度以及稀释量。避免 MAPD 聚合影响丙烯精馏塔操作。

（注：MAPD 在较高的浓度下会发生聚合和爆炸。尤其在精馏法脱除丙二烯、丙炔。这也是开车初期丙烯精馏塔碳三进料走碳三反应器开工旁路的原因。

精馏法丙烯精馏塔中丙烷含量很少，MAPD 未加氢。大多装置并不采用此流程。同时在选择加氢法中丙烯精馏塔中 MAPD 相对很少。）

35 精馏法脱除 MAPD（甲基乙炔和丙二烯）的缺点是什么？

采用精馏法脱除 MAPD 时，甲基乙炔的相对挥发度随着丙烯浓度的增加而降低，且低于丙烷；而对于丙二烯来说，它的相对挥发度总是低于丙烷。这样，丙烯塔塔釜中的甲基乙炔与丙二烯浓度增加，且它们又不易随釜液送出，而甲基乙炔、丙二烯在浓度达40％时，易发生分解爆炸，且影响下游装置产品的纯度。

36 精馏塔在高负荷下应如何调整回流比？为什么？

在高负荷情况下，应按设计回流比控制回流量，此时回流量不易过大，如果加大回流量，虽然对精馏段有好处，可使塔顶产品更纯，但却加大了塔釜负荷。加大回流，同样也能使精馏段温度下降，造成塔板的浪费。回流量增大，同样也能造成塔釜产品不合格；回流量增大，塔釜加热也必须增大，在高负荷情况下，易发生冲塔或液泛现象，在高负荷情况下，回流比降低，也将导致由于回流比不够而使塔顶产品不合格，所以应适当控制回流量。

37 装置采用选择加氢脱除丙二烯、丙炔流程，当装置负荷发生变化时，热区岗位各精馏塔应做哪些调整？丙二烯加氢反应器应做哪些调整？

当分离岗位的进料负荷发生变化时，应及时作出相应的调整。热区的调整主要是各精馏塔和加氢反应器的调整。

（1）精馏塔的调整：

① 调整塔釜加热量，保持一定的灵敏板温度；

② 调整塔顶冷剂量，保持塔压稳定；

③ 适当调整塔回流量，保持一定的回流比；对双塔脱丙烷塔应及时调整回流量，以防回流量过高而导致甲基乙炔和丙二烯在塔内的富集；

④ 相应增大（或减少）塔顶，塔釜（和侧线）的采出量。

（2）丙二烯加氢转化器的调整：

① 密切监视转化器床层的温度变化；

② 适当调整：a. 入口温度；b. 氢炔比；c. 稀释量。

通知分析室加样分析丙二烯加氢转化器出口 MAPD，根据分析结果，确认是否做进一步的调整。

38 蒸馏和吸收的区别是什么？

蒸馏和吸收都属于传质过程，但前者是为了分离液体混合物，后者是用来分离气体混合物。它们的依据也不一样，蒸馏是利用不同组分沸点的差异，而吸收是利用不同组分在同一吸收剂中溶解度的不同。

39 分子筛用作吸附剂具有哪些特点？

具有极强的吸附选择性。具有极强的吸附能力。吸附容量随温度变化。吸附容量与气体线速度有关，在绝热条件下，气体线速度对分子筛吸附容量的影响较小。

40 甲烷化反应不合格原因是什么？如何处理？

（1）物料中有催化剂毒物，造成催化剂中毒。解决办法：一定要严格控制催化剂毒物。

（2）反应温度低，活性不够。解决办法：提高入口温度。

（3）长期使用后，活性降低。解决办法：提高入口温度无效，只好更换新的催化剂。

41 精馏段、提馏段的作用是什么？

精馏段的作用主要是为了浓缩易挥发组分，以提高馏出液中易挥发组分的浓度；提馏段的作用则主要是为了浓缩难挥发组分，是为了得到难挥发组分浓度很高的残液。

42 乙烯装置有哪些联锁保护系统？

（1）裂解炉的联锁系统。

（2）压缩机的联锁系统。

（3）反应器的联锁系统。

（4）精馏塔的联锁系统。

（5）机泵的联锁系统。

43 集散控制系统的特点有哪些？

（1）显示操作集中。

（2）控制功能强。

（3）数据处理方便。

（4）系统构成灵活，可扩张性好。

（5）简化工程安装。

（6）具有自诊断功能。

（7）可靠性高。

44 鲁姆斯、KBR、林德、SW、SEI 等公司的分离技术各有什么特点？

（1）鲁姆斯：①顺序流程，低压脱甲烷；②碳三加氢采用催化精馏新技术；③低压丙烯精馏塔与丙烯压缩机构成开式热泵；④二元或三元混合制冷新技术；⑤有低压急冷和分凝分馏塔技术。

（2）凯洛格-布朗路特：①前脱丙烷前加氢双塔脱丙烷；②有

30％～35％乙烯产品从脱乙烷塔塔顶抽出；③乙烯精馏塔和乙烯制冷压缩机构成开式热泵。

（3）林德公司：①前脱乙烷前加氢；②脱乙烷塔采用双塔双压；③乙烯精馏塔和乙烯制冷压缩机构成开式热泵。

（4）斯特-韦伯斯特公司：①前脱丙烷前加氢；②采用 HIRS 或 ARS 技术和预脱甲烷塔；③乙烯精馏塔和乙烯制冷压缩机构成开式热泵。

（5）中国石化工程建设公司：①采用分凝分馏塔；②双塔脱甲烷；③前脱丙烷前加氢。

45 什么叫前脱氢？什么叫后脱氢？

裂解气经干燥和预冷后直接进入脱甲烷塔，而塔顶所得甲烷-氢馏分再经冷凝分离而获得富甲烷馏分和富氢馏分，这样的工艺称为后脱氢工艺流程。如果将干燥后的裂解气在预冷过程中进行分凝，通过分凝方法将裂解气中的大部分氢和部分甲烷分离，由此可以减少进入脱甲烷塔甲烷量改善塔的操作条件，提高乙烯收率，此工艺称为前脱氢工艺。

46 相比于后冷，前冷流程具有哪些优点？

前冷优点是采用逐级冷凝和多股进料，可节省低温冷冻剂并减轻脱甲烷塔负荷；不仅乙烯回收率高，氢气回收率也高（前冷90％以上，后冷53％），氢气浓度高（91％～95％，后冷氢气纯度仅70％）；进料前分离氢气，增大了甲烷/氢气比，提高了塔分离效果。

47 前加氢技术优缺点有哪些？

优点：（1）分离流程简单，设备投资少，能耗低；

（2）利用物料自身含有的氢，不需外加，也无需补加 CO 来调节催化剂的选择性；

（3）绿油生成量少，催化剂使用周期长；

（4）在碳二加氢时也对50％的 MAPD 加氢，下游碳三加氢系统负荷降低。

缺点：（1）加氢原料中乙炔、丙炔、丙二烯共存，乙炔脱除合格时，MAPD达不到要求；

（2）对反应器控制手段不如后加氢，因氢气过量易出现副反应，乃至飞温；

（3）裂解重质原料时，催化剂易失活，部分有用原料（如丁二烯）形成损失；

（4）因物料中CO含量波动，易导致反应器漏炔或飞温。

48 后加氢技术优缺点有哪些？

优点：（1）氢气可按要求注入，防止氢气过剩，乙烯损失少；

（2）对反应控制的手段比较多；

（3）物料中催化剂的毒物少，使用寿命长。

缺点：（1）流程复杂，投资和能耗均增加；

（2）存在副反应，有绿油生成，催化剂再生次数多。

49 在制冷过程中膨胀阀的作用是什么？

膨胀阀又叫节流阀，其作用是将来自冷凝器的液态冷冻剂，经过节流阀减压，使冷冻剂在蒸发器中可以在比较低的温度下汽化，汽化的温度随节流后的压力降低而降低。另外，节流阀还有调节冷冻剂循环量的作用。

第二节 分离系统的操作调整

1 在深冷分离中，甲烷物料中乙炔浓度增加有什么危害？

在深冷分离中，乙炔在冷甲烷中的溶解度有限，达到足够的浓度就会从溶液中析出，造成激冷器堵塞。当物流经换热器受热时，甲烷蒸发，液体中乙烯和乙炔的浓度增高，乙炔冻结的趋势起初随浓度的增高而上升，随后又因温度的升高而下降，波及换热器的绝大部分通道。

2 高纯度氢气中的CO是如何产生的，为什么要脱除它？

氢气中的CO是石油烃在蒸汽裂解过程中生成的，由于一氧化碳的沸点介于甲烷和氢气之间，因此它同 CH_4、H_2 一起被分离出，虽然冷箱能分离出较高纯度的 H_2，但不能彻底脱除 H_2 中的 CO。CO 对大多数加氢催化剂都有毒化作用，所以必须脱除。

3 **为什么选择 CO 作为加氢反应的抑制剂？**

催化加氢反应时，氢气为甲烷化反应后的干氢，即 95% 纯度的氢气，甲烷化后，其 CO 含量由原来的 0.5%（体积分数）降至 1×10^{-6} 以下。碳二气相加氢反应加入 CO 作为抑制剂，其根据是：钯催化剂对炔烃、CO、烯烃的吸附能力依次由强到弱，当催化剂表面未被炔烃覆盖满时，CO 就优先被吸附了，而将烯烃排在活性位置之外，从而提高了催化剂的选择性。

4 **绿油的生成量与哪些因素有关？它对正常生产有何危害？**

绿油量增多与氢炔比有关，氢炔比愈小，生成量愈多。另外，还随着反应器催化床层操作温度的上升而增加。

危害：（1）可使乙烯、丙烯收率降低；

（2）影响催化剂使用周期和使用寿命；

（3）严重时，可引起下游塔塔盘结垢。

5 **双脱丙烷塔聚合物增多的原因有哪些？**

（1）阻聚剂长时间流不进去。

（2）双塔加热量长期超过规定指标（釜温过高）。

（3）双塔塔釜液面长时间过高或过低。

（4）阻聚剂注入量偏小或阻聚剂已变质。

6 **阻聚剂在低压脱丙烷塔中起什么作用？注入点在何处？**

阻聚剂用于乙烯装置的低压脱丙烷塔中，以防止丁二烯的成生，防止自由基的聚合作用发生，分散垢物防止其沉积造成管路堵塞。

注入点：低压脱丙烷塔进料、再沸器入口、中沸器入口和脱乙烷塔再沸器入口。

7 造成乙炔加氢反应不合格的原因有什么？应如何处理？

原因：（1）催化剂选择性不良；

（2）催化剂活性降低；

（3）活性严重降低，调整无效；

（4）氢炔比过小。

处理方法：（1）适当提高 CO 量，降低入口温度，以提高加氢反应的选择性；

（2）减少 CO 注入量，提高入口温度，提高氢炔比，以提高活性；

（3）反应器切除再生；

（4）调整氢炔比，适当提高氢炔比。

8 在乙炔加氢反应器中影响催化剂的因素有哪些？直接影响因素有哪些？

影响催化剂的因素一般有：反应温度、接触时间、乙炔分压、硫的浓度、CO 的浓度、氢炔比等。

直接影响因素有：反应温度、CO 浓度及氢炔比三个因素。

9 为什么甲烷化反应器床层温度不得低于 150℃，入口控制在 288℃？

由于甲烷化反应器所用催化剂为镍，如果床层温度低于 150℃，镍会与 CO 生成剧毒的羰基镍，使催化剂中毒失活，故反应温度要控制在 288℃。

10 实际操作中，加入精馏塔的原料有几种热状况？

原料的热状况有五种：

（1）温度低于泡点的冷液体；

（2）泡点温度的饱和液体；

（3）温度介于饱点和露点之间的汽液混合物；

（4）露点下的饱和蒸汽；

（5）温度介于露点的过热蒸汽。

11 如进料为冷液或饱和液体时，增加进料量，会对精馏操作有何影响？

如进料为冷液或饱和液体时，提馏段液相流量随进料量的加大而很快加大，当再沸器的热负荷能力不能承受时，将引起提馏段温度下降。为保持一定釜液面，釜液采出量势必增加，釜液中轻组分浓度增大，塔底产品质量不合格。

12 塔顶冷剂量的大小对精馏操作有什么影响？

对于外回流的塔，冷剂量减少将使冷凝器的作用变差。冷剂液量减少，在塔顶产品的液相采出量做定值调节时，回流量势必减少。例如冷凝还有过冷作用时，则冷剂量的减少还会引起回流温度的升高。这些都会使精馏塔的顶温升高。塔顶产品中重组分含量增多，质量下降。

13 影响灵敏板温度的因素有哪些？

影响灵敏板温度的因素主要有进料状况、加热介质、冷剂的流量、压力、温度变化等。

14 与脱乙烷塔相比乙烯精馏塔的特殊性有哪些？

乙烯精馏塔的特殊性在于：乙烯、乙烷的相对挥发度随乙烯浓度的增加而降低，精馏段板与板间物料的浓度差限小，即浓度梯度限小，因而不得不用多塔板和大回流比分离获得高纯度的乙烯。

15 脱丁烷塔的控制目标及主要操作变量是什么？

目标：①保持塔顶碳四产品合格；②减少塔釜碳四损失量。

操作变量：①再沸器加热量；②回流量；③塔顶、塔釜采出。

16 脱乙烷塔的控制目标及主要操作变量是什么？

目标：①保持塔顶碳二产品合格；②减少塔釜碳二损失量。

操作变量：①再沸器加热量；②回流量；③塔顶、塔釜采出。

17 如何切换高压脱丙烷塔釜再沸器?

以 A 台切至 B 台为例。

（1）检查 B 台氮气置换后处于氮封状态，各导淋阀均关闭，处于备用状态。

（2）打开 B 台蒸汽入口阀少许，同时打开 B 台凝液导淋，开始预热，直至导淋有蒸汽排出时，关闭导淋，打开凝液阀。

（3）打开 B 台气相阀直至全开。

（4）全开蒸汽入口，同时慢慢打开 B 台再沸器物料入口。

（5）关闭 A 台物料入口阀。

（6）关闭 A 台蒸汽入口阀。

（7）关闭 A 台物料气相阀及 A 台蒸汽凝液阀。

（8）打开 A 台物料 WF 阀门，将再沸器物料倒空泄压，同时打开 A 台蒸汽凝液导淋阀。

18 丙烯精馏塔塔压偏高的原因有哪些?

（1）塔顶轻组分多。

（2）回流温度高。

（3）回流量偏小。

（4）塔釜加热过大。

（5）塔顶冷凝器结垢。

19 造成乙炔转化器床层飞温的原因有哪些?

（1）氢炔比过大;

（2）碳二物料或氢气阀失调;

（3）备用时，床层漏入氢气;

（4）空气再生时，空气量过大。

发生飞温时，应按紧急停车处理。

20 乙炔加氢反应器的反应入口温度由哪些因素决定? 操作中要注意些什么?

乙炔加氢转化器在已有的催化剂、固定压力下，反应温度由入口温度、炔含量、氢炔比等因素决定。操作时要严格控制好入口温度、炔含量、氢炔比，防止飞温和加氢不合格。在紧急状态下，要切断氢气和碳二物料，放火炬。

21 **造成脱乙烷塔压力波动的原因有哪些？**

（1）塔顶冷凝器冻堵；

（2）丙烯压缩机波动，造成二段吸入压力波动；

（3）回流量和温度不适宜；

（4）塔釜加热量过大。

22 **丙烯精馏塔的控制目标及操作变量是什么？**

目标：①保证丙烯产品合格；②减少塔釜丙烯损失量。

操作变量：①回流量；②再沸器加热量及塔釜采出量；③塔顶采出；④塔进料量；⑤塔压。

23 **脱丁烷塔塔压偏高的原因有哪些？如何处理？**

原因：（1）塔顶温度高；

（2）塔顶轻组分多；

（3）塔釜加热量大。

处理方法：（1）加大冷却水量或联系调度调节水温；

（2）适当放火炬；

（3）调整加热量；

（4）适当提高脱丙烷塔灵敏板温度。

24 **发生什么情况时，系统按全面紧急停车处理？**

发生以下情况时，装置按全面紧急停车处理：

（1）严重的电源（包括动力电源，仪表电源）事故；

（2）仪表风压力急剧下降，且仪表风压缩机不能紧急启动；

（3）循环冷却水压力急剧下降，低于 0.3MPa；

（4）锅炉给水泵停车；

（5）高压蒸汽中断；

（6）丙烯压缩机紧急停车；

（7）发生严重设备泄漏、火灾、爆炸事故；

（8）发生山洪、地震等严重自然灾害。

25 火炬头的下部为什么均设有分子封？

为防止火炬回火，当火炬内无气体排放时，由于密封气的存在，可维持火炬正压，因而防止了空气倒流进入火炬系统内。

26 气相选择加氢的气-固相反应大体经历哪三个阶段？

第一阶段：参加反应物从气体中扩散到催化剂表面上，并在催化剂上进行吸附。

第二阶段：被吸附物在催化剂上进行表面反应。

第三阶段：反应生成物从催化剂表面脱附出来，扩散到气体中去。

27 精馏塔操作的影响因素有哪些？

除设备问题外，影响精馏操作的因素有：塔的温度和压力（包括塔顶、塔釜、灵敏度）、进料状态、进料组成、进料量、进料温度、回流量、塔顶冷剂量、塔顶采出量、塔内上升蒸汽的速度和再沸器的加热量、塔釜采出量。

28 低压法脱甲烷有何优点？

（1）在低压下，甲烷对乙烯的相对挥发度增大，有利于分离。

（2）塔釜加热省掉一个外来热源（丙烯），改为裂解气本身加热，从而节省能量。

29 全馏分加氢的特点有哪些？

全馏分加氢的特点：乙炔浓度小（一般约为0.5%），所以加氢反应温升小，操作较为安全，而且不需要设中间冷却器，缺点是需处理的量比产品加氢大得多，使乙炔加氢反应器容积增大，全馏分加氢时脱乙烷塔操作压力较高，接近于临界数值，使操作困难，可能出现不稳定的情况。

30 裂解气温度应控制在多少，该温度过高或过低对分离系统有何影响？

裂解气温度应控制在 12～16℃，若该温度控制过高，分子筛将不能很好地吸附水分，而导致裂解气干燥器出口水分不合格，并可能使重组分带入分离系统，影响分离系统正常操作。若该温度控制过低，则可能使低级烃与水形成水合物晶体，而使床层阻力降上升，裂解气压缩机负荷增大。另外，若裂解温度控制不合理，将直接影响脱乙烷塔的操作。

31 精馏塔操作压力的确立，应考虑的因素有哪些？

（1）一方面考虑压力对精馏塔分离效果的影响；

（2）另一方面要考虑塔顶使用冷剂所能达到的冷却温度以及物料物化性质的限制。

32 进料温度的变化对塔的操作有何影响？

进料温度的变化对精馏塔的操作影响很大。

（1）进料温度降低，将增加塔釜再沸器的热负荷，减少塔顶冷凝器的冷负荷。

（2）进料温度上升，则增加了塔顶冷凝器的负荷，减少了再沸器的热负荷。

（3）当进料温度的变化幅度太大时，会影响整个塔的温度分布，从而改变汽液平衡组成。

33 乙烯精馏塔的操作压力是如何确定的？

乙烯精馏塔操作压力的确定，一方面要考虑塔压对分离效果的影响；另一方面要考虑塔顶所用冷剂所能达到的冷却温度，因本装置采用丙烯-乙烯复叠制冷，其塔采用丙烯做冷剂（最低温度为－40℃），以达到控制塔压的目的。

34 精馏塔产品质量突然变化的原因有哪些？处理方法是什么？

原因：（1）操作条件波动太大；

（2）其他管线串料；

（3）分析错误；

（4）仪表失灵。

处理方法：（1）注意调整操作条件；

（2）全面检查，针对查出的原因进行处理；

（3）分析复查；

（4）检查仪表并检修。

35 分离热区再沸器运行一段时间常会出现加热效果差，原因是什么？如何判断塔再沸器运行状况的好坏？如何防止恶化？塔再沸器运行状况的好坏有何意义？

分离热区再沸器加热效果差的原因是塔再沸器结焦，即烯烃（主要为丁二烯、戊二烯）自聚。

塔再沸器运行状况是否恶化，可从以下几方面判断：

（1）结焦到一定程度可使精馏效果变差可从分析结果看出；

（2）塔压差较大；

（3）如在再沸器内结焦，表现为再沸器传热阻力增大、加热量不足、加不上热、加热阀阀位很大，而流量不增加。

防止方法：

（1）采用允许范围内低温操作；

（2）加阻聚剂。

从装置运行经济和能耗角度考虑，再沸器的良好运行，首先能保证各产品质量合格；相对降低塔加热量及塔顶冷凝量；同时稳定塔处理量，尤其在装置高负荷运行情况下；另外，减少设备的维护、检修费用，增加设备的使用寿命。在热区操作双塔脱丙烷塔、脱丁烷塔再沸器运行好与坏，再沸器的切换时间的长短、切换次数都是衡量热区运行好坏的一个重要指标。各装置在这方面都尽量节能增效。

36 塔系统操作与调整应遵循什么原则？

塔系统操作与调整应遵循操作压力相对恒定，灵敏板温度比较稳定，回流量、进料量、进料温度和进料组成相对稳定的原则。对于精馏塔的操作来说，要求物料、热量和气液平衡，任何突然的变化都将破坏已建立的平衡。

37 开车初期为什么不宜用脱甲烷塔回流罐这股物料的节流膨胀来调节冷箱温度？

开车初期，脱甲烷塔尚未运转正常，回流罐中的液体甲烷含量没有达到规定要求，其中的碳二组分较多，这时候用这股物料节流膨胀制冷显然难以取得理想的低温。因此，开车初期不宜用脱甲烷塔回流罐这股物料的节流膨胀来调节冷箱温度。

38 当冷箱某股物料节流膨胀已达到一定量时，如果急于多得一些冷量而超量投入节流，则会造成什么后果？其原因是什么？

可能造成膨胀后压力上升，这样一来反而会恶化膨胀效果，使膨胀温度升高。原因是在变冷区，根据焦耳-汤姆逊节流膨胀制冷原理，温降与压力降成正比，压力降变小自然温降也要变小。

39 为什么不能用丙烯为甲烷复叠制冷？如果需要甲烷作冷剂，可采用什么样的复叠制冷系统？已知：乙烯、丙烯沸点分别为 −103.7℃、−47.7℃，甲烷、乙烯临界温度分别为 −82.5℃、9.5℃。

由于丙烯在正压操作时最低蒸发温度为−47.7℃，而甲烷冷凝温度最高为其临界温度−82.5℃，显然前者远高于后者，因此不能用丙烯为甲烷复叠制冷。由于乙烯在正压操作时最低蒸发温度为−103.7℃低于甲烷冷凝的最高温度即临界温度 9.5℃，因此，可以采用甲烷-乙烯-丙烯复叠制冷。

40 干燥器切换时，其出口温度会升高，为什么？如何控制？

干燥器切换时，由于新投用的干燥器分子筛吸水能力比较强，而吸附分子又是放热反应，因而瞬间吸水放热，能造成床层温度和出口温度升高。为控制出口温度，可采用调整并行流量、延长并行时间的方法。

41 碳二和碳三加氢开车时，应注意哪些问题，采取什么对策？

加氢开车时应注意以下问题：

（1）先通物料，后通 H_2；

（2）进料要稳；

（3）通过在线分析，温升来调节 H_2 量。

在刚开车时，首先注意催化剂的活性，控制入口温度，注意观察床层温升，其次，调整乙炔/氢气比不易过大或过小，否则都将造成加氢不合格。可适当注意调整 CO 配入量，提高催化剂选择性。

42 装置正常运行中，物料排放火炬应注意什么？

（1）排放火炬要小心缓慢，并事先征得值班长同意，统一指挥，一边观察火炬动态，一边排放。

（2）正常生产时，要保证一定的消烟用蒸汽量和火炬头保护用蒸汽量，有排放时，要随时调整蒸汽阀。

（3）确保分子封用 N_2，要常开。

（4）尽量不排放重烃。

（5）排液体烃类时，应加强液态排放蒸发器的操作和检查。

（6）避免火炬总管超低温。

（7）保持长明灯常明。

（8）分子封凝液管线要定期排凝。

43 碳二加氢不合格的原因是什么？如何处理？

加氢不合格原因及相应的处理方法如下。

（1）催化剂使用初期，催化剂活性高，但选择性不好。

处理方法：降入口温度配入 CO，使催化剂活性低，选择性提高。

（2）突然不合格，催化剂中毒引起。

处理方法：严格中间控制。

（3）催化剂使用一段时间后，活性降低。

处理方法：提高入口温度，提高氢炔比。

（4）C_2 中乙炔浓度增大，氢量不够。

处理方法：提高氢气量。

（5）使用后期活性低。

处理方法：采用再生办法。

（6）碳二流量大幅度增加，配氢量滞后引起加氢不合格。

处理方法：适当提高氢气量，稳定脱乙烷塔操作。

44 塔压差增大的原因是什么？相对的处理方法是什么？

塔压差增大的原因有：（1）回流量过大；

（2）进料量过大；

（3）塔釜液面过高，造成淹塔；

（4）堵塔、冻塔；

（5）压力表失灵，引压管堵，造成指示不准。

相应处理方法：（1）减少回流量；

（2）减少进料量；

（3）控制塔釜液面在 50%；

（4）堵塔则需停车检修，冻塔要用甲醇解冻；

（5）检查压力表。

45 氢气干燥器再生时，再生阀和氢气阀同时打开时，将出现什么后果？

（1）由于大量氢气出入 FG（燃料气）系统，将导致裂解炉火嘴发生爆鸣声，严重时将导致火嘴熄灭。

（2）裂解气压缩机出入口压力急速下降，易造成一段缸负压。

（3）氢气压力迅速下降，碳二碳三反应器加氢不合格。

46 装置检修完在开车准备中，如何进行冷却水的接收？

确认 SW 进装置总阀开，打开各 SW 水用户的上、下水隔离阀，回水阀稍开，联系调度启动冷却水循环泵进行冷却水系统的循环，各冷却水换热器回水排气阀均无气体排除后，全部关闭，开机泵冷却水夹套供水阀，给机泵夹套通冷却水。

47 碳二加氢反应器 H_2S 中毒的基本特征是什么？

碳二加氢反应器 H_2S 中毒有以下特征：

（1）一段反应器床层温升持续下降，直至无温升；

（2）乙烯精馏塔塔压上升；

（3）乙炔在线分析仪指示碳二加氢反应器出口乙炔浓度上升。

48 精馏操作中引起塔压变化的因素有哪些？

引起塔压变化的主要因素有：进料量、进料组成、进料温度的变化，塔釜加热蒸汽量或压力的改变，回流量、回流温度和冷却水压力温度、冷剂压力温度的改变及冻塔、液泛、塔板堵塞等都能。当操作塔压力波动时，应找到准确的原因及时处理，使操作恢复正常。

49 为什么要控制甲烷化反应器粗氢中的乙烯含量？

甲烷化反应是放热反应，而有乙烯参与反应也是放热反应，且反应生成热更大，若乙烯量多，易发生飞温现象，所以必须控制粗氢中的乙烯含量。

50 精馏塔压力确定的原则是什么？

任何一个精馏塔都是依据在一个恒定的操作压力下的汽、液平衡数据进行设计、计算和操作的。对于一些沸点高、高温时性质不稳定、易分解、聚合、结焦的物料或在常压下相对挥发度较小、有剧毒的物料则常常采用减压精馏。由于减压操作降低了物料沸腾温度，可避免物料在高温时热分解、聚合、结焦等可能性，且减少了有毒物料的泄漏、污染等情况。如果被分离的混合物在常温常压下是气体或沸点较低，则可以采用加压蒸馏的方法。塔压的选择还应考虑传热设备的造价，塔的耐压性能、操作费用等综合经济效益。当原料常压下是液体时，则一般尽可能采用常压操作，这样对设备的要求简单，附属设备也少。

51 精馏过程中，气液两相是如何在塔板上进行热量传递和质量交换的？

在精馏塔内，上升的蒸汽遇到板上的冷液体，受冷而部分冷凝，冷凝时放出冷凝潜热，板上的冷液体吸收了蒸气在部分冷凝时放出的热量而部分汽化，因此，气液两相在塔板上进行了热量交换。在精馏塔内，上升的蒸气遇到塔板上的冷液体而被部分冷凝后，由于难挥发组分被冷凝成液体而较多地转入液相，这样，气相中易挥发组分含量提高了，而塔板上的液体在部分汽化时易挥发组分易转入气相，这样液相中难挥发组分含量提高了，因此，气液两相在塔板上进行了质量交换。

52 为什么要控制脱甲烷塔进料中甲烷与氢气的比例？

在一定的温度、压力条件下，甲烷与氢的比值是影响脱甲烷塔乙烯得率的主要因素。甲烷/氢的比值越大，塔顶尾气中乙烯损失越小，乙烯得率越高；相反，进料中氢气等不凝气含量越大，即甲烷/氢的比值越小，就必须损失更多的乙烯和乙烷，以满足塔顶露点的要求，因此为减少乙烯损失，要控制进料中甲烷与氢的比例。

53 塔板负荷性能图中包括哪几条线？

塔板负荷性能图中包括漏液线（气体负荷下限线）、液体流量下限线、液体流量上限线、过量液沫夹带线、液泛线。

54 控制加氢反应器床层温升的方法有哪些？

（1）将加氢后的产品部分循环至反应器入口，稀释进料炔烃的浓度。

（2）采用多床层加氢流程，分段配氢控制各反应器炔烃转化率。

（3）反应器床层间设置冷却器及时移走反应热。

55 催化剂再生一般包括哪几个步骤？

（1）升温　吹除吸附在催化剂表面的轻烃。

（2）蒸汽汽提　去除催化剂上的聚合物。

（3）烧焦　配入空气将催化剂微孔内的积炭烧掉，使催化剂表面和微孔得到清洁。

（4）干燥　清除再生过程中催化剂所吸附的水。

（5）还原　准备投用。

56 电伴热与蒸汽伴热相比优点有哪些?

(1) 使用周期长。

(2) 运行维护费用低,但一次性投资大。

(3) 施工维护方便且运行故障率、损坏率低。

(4) 节约能源消耗,电伴热可根据具体设定调节电量消耗,而蒸汽伴热往往是蒸汽使用过量。

(5) 使用区域广,保护外套可以抵抗腐蚀和化学品的影响。

57 检修期间对两种液体分离的分离罐清扫时必须注意什么?

对于有三个腔的分离罐,不仅要将各个腔清扫干净,更要注意混合腔同另一个腔相连管线的清洁,否则在开车后,将引起不可处理的事故 (除非停车处理)。

58 干燥器双阀间所设排放阀有何意义?

每台干燥器均由工艺系统和再生系统两部分组成,再生系统双阀间排放阀主要是防止工艺系统的高压物料窜入低压的再生系统;工艺系统双阀间泄压阀是用来防止再生后处于备用状态的干燥器受到含水裂解气的污染。

59 干燥器的排液线、泄压线为什么设伴热?

因为干燥器在排液、泄压时,会将分子筛中吸附的水分大量游离出来,而且由于排液、泄压过程压差变化都较大,因此温差也较大,若不设伴热,极易发生冻堵。

60 实施 N_2 预冷的优点有哪些?

(1) 将冷区温度降至正常。

(2) 在低温下检查气密,发现泄漏及时处理,减少或避免了实物料运转时泄漏带来的危险。

(3) 缩短了实物料的排放损失。

(4) 考验仪表控制联锁系统。

(5) 提高了操作人员的操作技能,使其积累操作经验。

61 甲醇的作用是什么？

用作预冷和低温系统的解冻剂及部分泵密封液，同时用作火炬系统的热载体。

62 深冷单元慢阀有何作用？

打开慢阀可以用 H_2 稀释甲烷，降低甲烷的分压，从而增大甲烷的节流制冷效果。

63 丙烯塔不合格丙烯线的作用是什么？

（1）可以处理在开车期间及事故状态下产生的不合格丙烯；

（2）在开车时可以从该线引丙烯建立全循环。

64 催化剂为什么在首次使用时要还原？

因为催化剂以氧化态运输，所以首次使用时必须用氢气还原。

65 什么是氢炔比？碳三加氢反应器氢炔比设计为多少？

进入反应器物料中，氢气与炔烃的体积比值叫氢炔比。碳三加氢反应器氢炔比设计为 0.9～1.2，在反应初期，氢炔比控制在 0.9，末期控制在 1.2。

66 使碳三加氢催化剂中毒的物料有哪些？

有游离 H_2O、RSH、RSR、RSSR、H_2S、HCl、CoS、NH_3、CO、砷、汞、甲醇、乙二醇。

67 判断碳三加氢反应器再生的条件有哪些？

判断碳加氢反应器再生的条件：（1）氢炔比；（2）反应器压降；（3）反应器出入口温差。

68 碳三加氢反应系统打循环的目的是什么？循环量大小如何确定？

打循环的目的是为了维持足够的液相通过反应器。

调整循环量是为了将反应器入口处的 MAPD 含量限制在2％～3.5％（体积分数）。根据进料中的 MAPD 含量，用循环量/进料量比例调节器调整循环量。

69 废碱氧化反应器污染的原因是什么？如何处理？

溶解在废碱中的残余烃类聚合物污染废碱氧化反应器。

处理方法：用蒸汽凝液对反应器进行清洗，即用凝液从罐顶部至底部冲洗反应器内的筛板（与正常工艺流程相反），凝液量由现场手动阀来调节，污水排至指定地点。反应器的压降升高即表明其内部筛板上的污物增多。

70 开车时，何时投用气相干燥器？

开车时投用干燥器之前，已与后部工艺系统相连通，即只留干燥器入口第一道电动阀为关闭状态，且系统压力设定值为 3.4MPa 投自动。当裂解气压缩机升速、调速至五段出口压力与后系统指示相等时，迅速打开干燥器入口第一道电动阀将其投用。

71 当洗涤水中含油，换热效果不良时应如何处理？

此时应想办法将换热器中积存的油从水中脱除，因为油的密度比水轻，因此应从换热器上部的导淋出脱油，装桶处理。

72 在冷区 N_2 预冷合格后，化工投料之前应如何处理深冷系统入口大截阀？为什么？

应在化工投料前，关深冷系统入口大截阀中断 N_2 循环，使脱氢气、甲烷单元保温保压，由脱乙烷塔控制放火炬，防止在脱乙烷塔未稳定合格之前，将 $C_3{}^+$ 带入后系统，造成系统波动。

73 哪些现象说明脱甲烷塔再沸器性能下降？如何处理？

现象：

（1）脱甲烷塔底部甲烷浓度增加；

（2）丙烯冷凝量下降；

（3）再沸器出口温度与塔底温度之间出现温差，即气出口温度过热。

处理方法：

（1）检查再沸器中是否有不凝气，将惰性气排气阀打开，将惰性气排入火炬；

（2）上述做法失效，则说明脱甲烷塔底部至再沸器入口间的过滤器冻堵，则必须对换热器进行反冲洗操作。

74 **发生冻塔有何现象？如何处理和预防？**

冻塔很明显的现象是压差增大，无论如何调整压差都变化不大，塔釜液面开始波动得很厉害，严重时塔釜液面建立不起来，塔中各点温度变化迟钝，塔顶带液，塔顶产品纯度下降。

处理方法是：当轻微冻塔时，可以在不停车的情况下，打入少量甲醇或提高釜温，严重时需停车用大量甲醇干燥。

预防的根本措施是保证工艺露点在$-60℃$以下，另外在开车投料前一定要对塔进行干燥，使露点合格后才能进行生产。

75 **在正常生产期间，脱丙烷塔底加不上热的原因可能是什么？如何处理？**

（1）洗涤水中含油，将油从放空阀排出。

（2）洗涤水出入口温差过小，调整洗涤水流量，产生温差。

（3）仪表指示故障，热负荷显示偏低，联系仪表处理。

76 **碳三加氢系统出现故障时，丙烯塔操作应注意什么？**

碳三加氢系统出现故障时，碳三仍可进入丙烯塔，这种情况下必须特别注意塔底 MAPD 含量。出于安全原因，经常分析，保证 MAPD 含量小于 40%。

77 **碳三加氢反应器可能出现飞温的因素有哪些？**

（1）循环量太低，不足以移走反应热。

（2）MAPD 含量过高，难以用循环量将其含量降低。

（3）上游分馏塔出事故，使丁二烯和乙烯含量过高。

（4）由于进料量低，反应器内出现沟流。

（5）氢分压过高。

78 影响丙烯收率的不利因素有哪些？

（1）循环量高，会降低催化剂加氢选择性。

（2）过量 H_2（H_2/MAPD），虽有利于产品质量，但过多的 C_3H_6 发生加氢反应生成 C_3H_8。

（3）反应器内过度汽化也会影响产品质量［最大允许汽化率化率 20%（质量分数）］。

79 正常操作中突然没回流可能是什么原因？

（1）回流罐泵电机跳闸。

（2）回流罐内物料抽空。

（3）入口过滤器堵塞。

（4）泵内汽化不上量。

80 脱丁烷塔塔釜温度太高或太低为什么易结焦？

脱丁烷塔塔釜是汽油，塔顶为碳四馏分（其中主要为丁二烯），如塔釜温度太高会使汽油中的戊二烯聚合结焦，而温度太低使轻组分尤其是丁二烯带入塔釜，使其聚合结焦，因此脱丁烷塔的釜温控制很重要，不能太低，也不能太高。

第三节　分离系统的设备维护

1 离心泵不上量的原因有哪些？如何处理？

原因：（1）泵内有气体；

（2）转速低；

（3）泵轴转动方向不对；

（4）机械故障；

（5）入口容器液面过低；

（6）入口过滤网堵；

（7）输送液体组分过重或过轻。

处理方法：（1）停泵排气，重新启动；

（2）调整提高转速；

（3）改正旋转方向；

（4）停泵检修处理；

（5）提高吸入容器液面；

（6）清入口过滤网；

（7）工艺进行处理。

2 泵应如何进行冬季防冻？

（1）稍开冷却水旁路阀。

（2）打开入口阀、出口阀、稍开出口止逆阀旁通。

（3）打开气相平衡阀。

（4）定期进行盘车。

（5）定期拆冷却水堵头进行排放，防止污物堵塞。

3 高速离心泵增速箱油沫增多的原因是什么？

（1）冷却水流通不畅，造成油温升高。

（2）冷却水管泄漏，冷却水进入油箱，造成油乳化。

4 普通离心泵正常巡检的内容有哪些？

普通离心泵正常巡检的内容有轴承温度、电机电流、润滑油油温、泵出口压力、冷却水流动状况、泵的振动与噪声大小。

5 乙烯冷分离部分为什么要采用板翅式换热器？

乙烯冷分离部分用于甲烷氢气分离的冷箱系统热交换器达十余种，多股物流内气液混合相，它们有逆流、顺流、和错流三种流向形式。要求在一个冷箱内 $2\sim9$ 种介质之间进行热交换，包括气-气、气-液、液-液 的交换，需要 -100℃ 以下温度（最低达 -169℃），所以采用板翅式换热器。

6 压力容器内部检查内容有哪些？

（1）检查内壁腐蚀情况，确定腐蚀原因，测量腐蚀量，计算年腐蚀量（或称速率），做出安全评定，做好记录，并采取必要防腐措施。

（2）要注意检查冲刷磨损情况，尤其对搅拌设备的开孔接口处的磨损。

（3）检查接管开孔焊缝等应力集中部位和应力复杂的区域有没有裂纹甚至断裂。对怀疑部位必须用放大镜或必要手段（如磁粉、着色）进行检查，并做出结论。

（4）对由于温度、压力介质的作用引起材料性能发生变化的（情况如脱碳、晶间腐蚀、应力腐蚀等），必要时可做金相和硬度检验。

（5）对高压、超高压容器和特殊容器的高压螺钉，要逐个检查是否有变形，并用磁粉或着色探伤检查有无裂纹。对高压、超高压容器的高应力部位要注意裂纹的产生，确定出产生的原因和裂纹增长速率。

（6）检查容器的变形，包括局部变形和整体变形，并通过测量确定能否继续使用。

（7）对容器超标和原来存在的缺陷进行复查。

7 采用筛板塔盘有何优点？

采用筛板塔盘有以下几个优点：结构简单，金属耗量少，造价低，在一定范围内传质高于泡罩塔。阻力小，生产能力大，检修清理方便，但操作范围较窄，易造成漏液等现象，塔板安装水平度要求严格等特点。

8 影响加氢反应深度的因素有哪些？

影响加氢反应深度的因素有反应温度、反应氢分压、空速、氢油比、催化剂活性、进料中活性组分、进料中毒性。

9 泵巡检中，应检查些什么内容？

（1）润滑油不乳化，不变质，油位要正常。

（2）冷却水适量且畅通，回水温度不高。

（3）各静密封无泄漏，串级机械密封无泄漏，单级机械密封≤5滴/分，4滴/分≤填料密封≤10滴/分。

（4）运行泵仪表指示情况正常，无异常噪声，泵及电机的轴承温度不高，振动不大。

（5）备用泵盘车灵活，处于备用状态。

（6）冷泵、热泵处于预热、预冷状态。

10 泵润滑油变质的原因是什么？

（1）采用了不合格的润滑油。

（2）加油、换油或检查时，掉入脏东西。

（3）油箱长期不清洗，积垢较多。

（4）加油未经三级过滤或过滤网破损。

（5）轴承箱挡环密封不好，有水进入轴承箱。

（6）轴承箱内件损坏，使润滑油温过高。

11 泵抽空的原因有哪些？

（1）入口塔、罐液面低。

（2）入口阀开度小。

（3）主、备泵同时运行，互相抢量。

（4）泵内有气体。

（5）介质温度过高或入口压力过低。

（6）介质组分变化，组分变轻。

12 为什么离心泵体有气体会使泵不上量？

因为气体密度远比液体的密度小，泵叶轮在旋转过程中，气体产生不了足够大的离心力，不足以克服背压打出去，所以泵的入口不能产生足够的负压再吸入液体。泵表现为不上量、抽空。

13 加换润滑油应注意哪些问题？

由熟知润滑管理制度的技术工人负责，认准润滑油牌号和厂家。润滑油经过三级过滤后，加入油箱，同时应用固定的干净的该润滑油牌号的油壶。换油时，对轴承箱要用规定牌号的润滑油冲洗，确保轴承箱干净后，再加油。加油时，勿使脏东西掉入轴承箱，油杯要高于 2/3 液位。检修时更换过滚动轴承的，在机器运行4～5h 后，应换油，不允许在机器运行时换油。

14 机泵在运转中怎样检查？

对运转的机泵要检查以下几项：出口压力；轴承温度、电机温度、机械密封温度；运转声音；机械振动；泄漏；润滑油；冷却水、机械密封冲洗液畅通情况。

五字检查法：听、看、闻、摸、查。

15 往复泵不上量的原因有哪些？

（1）入口过滤器堵塞。

（2）未灌泵，排气致使入口管线存有气体。

（3）入口管线或入口阀漏气。

（4）入口阀或出口阀被杂质卡住，不起单向作用。

（5）隔膜泵位移室吸油阀被杂质卡住，不起单向作用。

（6）隔膜泵位移室排油节流孔孔径过大或排油安全阀不严。

（7）隔膜泵隔膜破裂。

（8）柱塞泵柱塞密封不严。

（9）驱动机构故障。

16 换热器在检修时发现某根换热管泄漏，最实用的方法是什么？

最实用的方法是将换热管的两端用堵头堵死，但堵管的数最多不得超过 10%。

17 在什么情况下换热器壳程需设置膨胀节？

在温差应力载荷共同作用下，在壳体的轴向应力，换热管轴向应力、换热管与管板之间连接拉应力中，有一个不满足强度条件时，就需要设置膨胀节。近似判别时，如只考虑温差作用，当壳、管材料相同时，管壳温差大于 50℃ 时，固定管板式换热器就应设置膨胀节。

18 固定管板式换热器、U 形管式换热器、填料函式换热器制造成检修完后按规定进行压力试验，其压力试验顺序如何？

（1）壳体及管子与管板连接口检查试压。

（2）管箱试压。

19 浮头式换热器在制造或检修完后按规定进行压力试验，其压力试验顺序如何？

（1）管子与固定管板及浮头管板连接口检查试压。

（2）管箱及浮头盖试压。

（3）壳体和外头盖试压。

20 怎样启动离心泵？

待检查工作完成后，联系班长及相关岗位（带预冷或预热的泵应关闭预冷、预热阀）启动开关，检查泵的运转情况是否正常，待压力和电流表指示稳定后，缓打开出口阀，达到所需要的量即可。若在启动过程中发现异常现象（如电流或电压超高、有杂音、轴承温度急剧上升，严重泄漏等情况），应及时停车进行检查处理。进行全面检查后，确认无任何问题即算泵启动完毕。

21 带有甲醇罐作为密封冲洗系统的泵操作有几种形式？

泵操作形式有两种：无压操作和有压操作。

22 什么是三级过滤，具体内容是什么？

为了保证转动设备能得到良好的润滑效果，防止杂质进入装油部位，出现事故，在润滑油加入转动设备前进行三次过滤即"三级过滤"。大桶→小桶，小桶→油壶，油壶→加油部位。对于黏度较大润滑油，相应的过滤网目数应降低。

23 为什么电机的启动次数有一定的限制？

电机在启动的瞬间需要相当大的电流，而热量的大小与电流的平方成正比，电流越大，产生的热量越大，电机第一次启动，线圈组产生很多的热量，此时若启动不成功，直接再启动，而上次启动的热量还没有来得及完全散发，而又增加了一部分热量，使温度猛升，这样启动多次会使电机烧毁。

24 机泵盘不动车的原因有哪些？

（1）泵体内的介质凝固或冻固。

（2）长时间没有盘车或试运。

（3）部件有损坏卡死现象。

（4）轴弯曲严重。

（5）泵体内部有杂质并卡住。

（6）轴承抱轴。

（7）口环"咬死"。

25 **往复泵的出口流量为什么不均匀？**

因为往复泵属于容积式泵，是靠柱塞或活塞的往复运动使工作室的容积改变。容积扩大时，排出阀关闭，吸入阀打开，使排出管线的压力瞬间降低，流量瞬间减少；当容积缩小时，也就是压缩时，排出阀打开，吸入阀关闭而使排出管线的压力瞬间升高，流量也瞬间增大，因此出口管线液体的流量是波动的，压力也是波动的，这就是我们常见到的现场往复泵出口压力表总是在规定范围内波动的原因，这也是判断泵是否上量的依据。

26 **往复泵流量调节有哪几种方式？实际当中适用最多的方法是哪种？**

（1）旁路回流法。

（2）改变活塞冲程大小。

（3）改变活塞往复次数。

在实际应用过程中，常用的方法就是改变活塞冲程大小来调节流量。

27 **换热设备的主要工艺指标有哪些？**

（1）热负荷与传热系数。

（2）换热方式与平均温差。

（3）流速与压力降。

28 **换热设备日常维护内容有哪些？**

换热设备的日常操作应特别注意防止温度、压力的波动，首先要保证压力稳定，绝不应超压运行，尤其在开停工进行贯通扫线时，最易出现泄漏问题。

29 为什么说温度是换热器控制中的重要指标之一？

（1）温度是换热器控制中重要指标之一。经常注意观察，测量并记录换热器各流体的进出口温度，可有效地判断换热器的换热效率以及是否存在结垢、泄漏等问题。

（2）日常操作过程中要注意避免换热器温度急剧变化，尤其在开停车过程中，不得使换热器升、降温速度过快，或出现超温现象。温度急剧变化将使换热器内件产生很大的温差应力。

30 管路保温的目的是什么？

石油化工管路输送的流体多种多样，温度有高有低，要求输送的流体温度保持稳定即尽量减少热量或冷量损失。外界温度降低时，流体容易结晶，凝结；外界温度升高时，液体容易蒸发的管路都应当进行保温。保温还能减少因凝固的液体积聚而造成的腐蚀；防止发生被管子烫伤事故；降低室内的温度，改善操作过程中的工作环境。

31 板翅式换热器有何特点？

板翅式换热器是一种新型的高效换热器，在一块金属平板上，放上一个波纹状的金属导热翅片，然后再放上一块金属平板，两侧以侧条密封并焊牢，从而构成一个换热的单元体。根据工艺的需要，将一定数量的单元结构组合起来，并适当地排列，然后焊在带有流体进出口的集液箱上，便可构成具有逆流、错流或错逆流结合等多种形式的换热器。"冷箱"它轻巧紧凑，重量轻。热导率高，翅片薄，导热的热阻小，加上通过单元结构的适当排列，使流体在翅片中流动的流向初流速不断变化，其传热系数可达到列管式换热器的3～10倍。

32 为什么板翅式换热器入口必须设过滤器？

由于冷箱流道小容易产生堵塞，因而压力降大，一旦结垢就很难处理，因此对处理物料的清洁度要求较高，需事先过滤，其入口必须加装过滤器。

33 **固定管板式换热器升降温过快可能造成哪些危害？**

因为固定管板管束与两侧管箱之间一般采用胀接及焊接，如果壳程升降温过快，容易在胀接或焊接处产生温差应力或膨胀不均，从而造成管束与管板之间的胀接或焊接处脱离或开焊。

34 **U 形管换热器升降温过快可能造成哪些危害？**

U 形管管束是经过一定的热处理工艺弯制而成，升降温过快容易造成温差应力，致使管束在应力及一定冲刷力的作用下在曲度较大尤其是中间几层的部位产生径向（横向）断裂。

35 **浮头式换热器升降温过快可能造成哪些危害？**

浮头式换热器，由于适用于工艺温度较高的工况，管程小浮头侧靠垫片密封，如果升降温过快，容易造成密封口膨胀不均、垫片变形而泄漏。

36 **洗涤水换热器如何预热？**

（1）检查备用再沸器的洗涤水侧及工艺介质侧均处于切断状态。

（2）打开再沸器洗涤水侧的放空阀。

（3）打开再沸器入塔（气相）手阀。

（4）打开洗涤水入口阀的旁路阀，向再沸器引入洗水直至放空阀见液。

（5）关闭放空阀。

（6）打开洗涤水入口阀，关闭其旁路阀。

（7）慢慢打开由塔至再沸器（液相）的手阀相小心填充再沸器。

（8）打开洗涤水出口阀。

37 **带有连动阀的管线开关阀门的原则是什么？**

工艺管线入口阀先开，蒸汽或其他热介质阀后开，以免将换热器中残液汽化，造成超压，损坏设备及管线。

第六章 ▶ 乙烯生产的分析检测

第一节 乙烯装置控制系统特点

1 乙烯装置常见的控制系统有哪些?

乙烯装置生产过程中最常见、应用最广泛、数量最多的调节系统是单回路简单控制系统。单回路控制系统由被控制对象、测量单元、调节器和执行器组成,构成单变量负反馈控制系统。按被控制的工艺变量来划分,常见的是温度、压力、流量和成分分析等工艺变量的控制系统。单回路解决了装置大部分控制问题,但单回路控制系统对滞后较大、时间常数较大、数学模型复杂、非线形特征、干扰多而变化剧烈的对象,控制质量较差。对与其他过程变量之间有关联和耦合的过程,单变量控制系统解决不了相互之间的干扰问题。因此,乙烯装置根据控制回路的具体情况和条件采用了相当一部分复杂控制系统,最常见的有串级控制系统、均匀控制系统、分程控制系统、自动选择控制系统、复杂计算控制系统、前馈控制系统,以及根据现代控制理论发展起来的非线性控制系统、模糊控制系统、解耦控制系统等。

2 什么是简单自动调节系统?

简单自动调节系统包括四个基本组成部分,调节对象、测量元件(包括变送器)、调节器和调节阀。根据需要不同还可以配置其他的组成部分。测量元件和变送器是由感受工艺参数的测量元件和用一种特定信号(一般用风压或电流)将工艺参数变化表示出来的变送装置组成的。自动调节器即由变送器送来的信号与工艺上所需的参数规定值（由给定装置给出）相比较，得出偏差，按设计好的运算规律算出结果，然后将此结果按特定信号（风压或电流）发送出去。执行机构（调节阀），常用的有气动调节阀和电动调节阀两种，它们接受自动调节器的输出信号，以改变调节阀开度来改变物料和能量的大小。

　　通常所说的自动调节系统（图 6-1），指由上述各部分按一定规律通过传递信号连成闭环并带有反馈调节系统。它的作用是根据生产需要将被调节参数控制在给定的量值上。

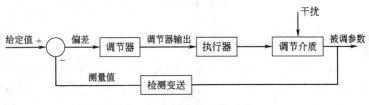

图 6-1　简单自动调节系统

3 图示什么是自动选择调节系统？

　　自动选择调节系统如图 6-2 所示。

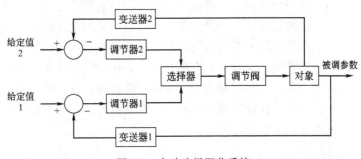

图 6-2　自动选择调节系统

4 图示什么是分程调节系统？并以原料罐为例画出压控分程控制阀位图。

　　分程调节系统方块图如图 6-3 所示。

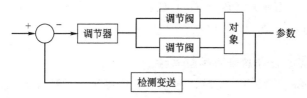

图 6-3 分程调节系统方块图

压控分程控制阀位图如图 6-4 所示。

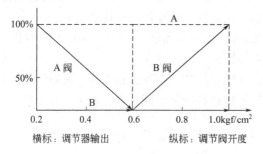

横标：调节器输出　　　　纵标：调节阀开度

图 6-4 压控分程控制阀位图

原料罐一般使用氮气或瓦斯隔离空气，顶部压力控制为分程控制，即进气阀与排气阀为两个控制阀，这两阀共同作用控制原料罐压力。如图 6-4，当调节器输出在 $0.2 \sim 0.6 kgf/cm^2$（$1kgf/cm^2 =$ $98.0665kPa$）时，进气阀 A 动作，排气阀 B 全关；当调节器输出为 $0.6kgf/cm^2$ 时，A、B 两阀全关；当调节器输出在 $0.6 \sim 1.0kgf/cm^2$ 时，排气阀 B 动作，而进气阀 A 全关。

5 **常用压力测量仪表有哪几种？**

（1）弹簧管压力表。

（2）膜盒压力表。

（3）电动、气动压力变动器。

（4）法兰压力变送器。

6 **压力测量的常用工程单位有哪几种？**

过去压力测量的常用工程单位有 mmH_2O 柱、$mmHg$ 柱、

kgf/cm²、工业大气压（atm）四种。现已实行法定计量单位，故只有 MPa、kPa、Pa 三种。

7 气动、电动仪表有哪些优点？

气动仪表特点：①结构简单、工作可靠。对环境温度、湿度、电磁场的抗干扰能力强。因为没有半导体或触点之类的元件，所以很少发生突然故障，平均无事故间隔比电动仪表长；②容易维修；③本身具有本质安全防爆的特点；④便于与气动执行器匹配，但不宜远距离传输，反应慢，精度低；⑤价格便宜。

气动仪表在中小型企业和现场就地指示调节的场合被大量采用。

电动仪表的特点：①由于采用了集成电路，故体积小、反应快、精度高，并能进行较复杂的信息处理、运算和先进控制。②信号便于远距离传送，易于集中管理。③便于与计算机配合使用。

8 常用流量测量仪表有哪几种？各有什么特点？

常用的流量测量仪表有五类。

（1）差压式流量仪表，包括文丘里管、同心锐孔板、偏心锐孔板、1/4 圆喷嘴等节流装置。

（2）容积式流量仪表，如椭圆齿轮流量计、腰轮流量计等。

（3）面积式流量计，如转子流量计。

（4）自然振荡式流量仪表，如涡街流量计。

（5）力平衡式压力仪表，如靶式流量计。

差压式流量仪表原理简明、设备简单、应用技术比较成熟，是目前生产上广泛应用的一种仪表。缺点是：安装要求严格、上下游需要有足够长度的直管段、测量范围窄（一般为 3∶1）、压力损失较大、刻度非线性。

容器式流量仪表主要用来测量液体流量，它精度高，量程宽（可达 10∶1），可以测量小流量，几乎不受黏度等因素的影响，但易磨损。

转子流量计适用于带压小流量测量，压力损失小，量程比较宽，反应速度快。根据仪表特点，安装时要求仪表垂直安装，介质流向由下向上。

涡街流量计测量范围宽，流量系数不受测量介质的压力、温度、密度、黏度及其组分等参数影响。可用于测量气体、蒸汽、液体，且安装方便，精度较低。

靶式流量计特别适用于黏性、脏污、腐蚀性等介质的测量。如需要生产操作中调零，则必须装设旁路。精度低，适应范围不广。

9 比例式调节器有何特点？比例积分调节器有何特点？比例积分微分调节器有何特点？

比例式调节器是最基本的调节器，它的输出信号变化量与输入信号（设定值与测量值之差即偏差）在一定范围内成比例关系，该调节器能较快地克服干扰，使系统重新稳定下来。但当系统负荷改变时，不能把被调参数调到设定值从而产生残余偏差。

比例积分调节器（PI 调节器）的输出既有随输入偏差成比例的比例作用，又有偏差不为零输出一直要变化到极限值的积分作用，且这两种作用的方向一致。所以该调节器既能较快地克服干扰，使系统重新稳定，又能在系统负荷改变时将被调参数调到设定值，从而消除余差。

应用比例积分微分调节器（PID 调节器），当干扰一出现，微分作用先输出一个与输入变化速度成比例的信号，叠加比例积分的输出上，用克服系统的滞后，缩短过渡时间，提高调节品质。

10 调节器的正反作用指的是什么？

调节器的正反作用是指调节器输入信号（偏差）与输出信号变化方向的关系。

当被调参数测量值减去设定值（即偏差）大于零时，对应的调节器的输出信号增加，则该调节器为正作用调节器，如调节器输出的信号减小，则该调节器为反作用调节器。

11 调节器中的比例度（P）、积分时间（I）和微分时间（D）在调节过程中有何作用？

比例调节作用中的比例度是指调节器的输入信号变化量与输出

信号变化量之间的比值。比例度是放大陪数的倒数，可以根据需要调节，比例度越大，放大系数越小，比例调节作用越弱，变化越不灵敏；反之，比例变越小，放大系数越大，比例调节作用越强，变化越灵敏。在实际生产中为了求得平稳生产，当有扰动时，使被调参数尽快稳定下来，因此，要求比例度适中，调节作用合适，不希望太慢，也不希望太灵敏，变化频繁而稳不下来。一般调节器的比例度在 0～500%。

积分时间一般为 0.01～25min，积分时间与纠正偏差的速度有关，积分时间愈小，积分作用愈强。

微分时间一般为 0.04～10min，微分时间与测量参数的变化速度有关，微分时间愈小，微分作用愈弱。

通过调整调节器的这三个可变参数，使被调参数在受到干扰作用后能以一定的变化规律回复到给定值。

12 测量仪表按用途主要可分哪些类型？

（1）测量压力的仪表：如压力表、真空表、压差表等。

（2）测量流量的仪表：如孔板流量计、涡轮流量计等。

（3）测量液面的仪表：如玻璃板液位计，差压液位计、沉筒液位计等。

（4）测量温度的仪表：如玻璃温度计、双金属温度计、热电偶、热电阻温度仪等。

（5）测量组的仪表：如在线色谱分析仪表。

13 测量变送元件的作用是什么？调节单元的作用是什么？执行机构的作用是什么？

测量变送元件是将被调节的参数（如测量出来的温度压力、流量、液位等）变换成自动化中可以接收的统一的相应信号，对气信号为 $0.2\sim1.0kgf/cm^2$ 的气压，对电信号为 4～20mA 的电流信号，并把这种统一的信号传送给调节单元或指示单元。

调节单元是将变送器送来的测量信号与人工给定值进行比较加以判断，确定调节方向的规律，发出相应的调节命令，输出信号给调节阀即执行机构。

自动调节回路中执行机构（一般是调节阀）是用来执行调节器送来的调节命令产生相应的调节作用，对工艺过程中被调对象进行在线调节。

14 **什么是调节对象？**

执行机构产生的调节作用施加到调节对象上，使被调参数发生变化，与施加到调节对象上的干扰作用所引起的变化相补偿，而被调参数变化又经测量变送单元，送给调节器，形成各环节互相联系、互相制约的调节系统。

15 **自动调节系统具有哪两个特点？**

（1）调节系统是一个闭路循环系统。当作用在调节对象的干扰发生变化后，通过调节对象，测量变送，调节器和执行机构各组成环节又在调节对象上施加一定的调节作用，即各环节之间是相互联系、互相制约的。

（2）调节系统是一个负反馈系统。当干扰作用被调量上升时，通过系统各环节反馈到调节对象，输入端的调节作用必定使调节量下降，保证调节系统正常工作。

16 **常用调节阀有哪几种？各有何特点？**

调节阀按其能源方式不同，主要分为气动调节阀、电动调节阀、液动调节阀三类，这三类阀的差别在于所配的执行机构上。三者的执行机构分别是气动执行机构、电动执行机构和液动执行机构。使用最多最广的是气动调节阀。

常用的气动调节阀及其特点如下。

（1）直通单座调节阀：①单座阀只有一个阀芯，容易保证密封。因此，泄漏量小；②只有一个阀芯，所以介质对阀芯产生的平平衡力大，故单座阀不宜用于压降大的场合；③只有一个阀孔，故流量系数比双座阀小。

阀体流路较复杂，故不宜用于高黏度、悬浮液、含固体颗粒等易沉淀、易堵塞的场合。

（2）直通双座调节阀：①双座阀有两个阀芯，流体作用在两个阀芯上，不平衡力相互抵消了许多，因此不平衡力小，许用压差可较大；②由于是两个阀孔，流通面积比单座阀大，所以流量系数比单座阀大；③由于加工时可能存在的误差，故关闭时阀芯与阀座的两个密封面不能同时密封，造成泄漏量比单座阀大。

阀体流路较复杂，不适用于高黏度、悬浮液、含固体颗粒等易沉淀、易堵塞的场合。

（3）角形调节阀：角形阀流路简单，阻力小，适用于高黏度悬浮液，含固体颗粒等易沉淀、易堵塞的场合。

（4）笼形阀（套筒阀）：①阀内组件采用压力平衡式结构，所以可用较小的执行机构就能适用于高差压和快速响应的节流场合；②阀芯位于套筒力，并以套筒为导向，所以具有防震耐磨的特点；③拆卸方便，阀内组件的检修和更换也很方便。如需改变阀的流通能力，只更换套筒，而不必更换阀芯；④适用寿命长；⑤噪声低。

（5）偏心旋转阀：偏心旋转阀又称凸轮绕曲阀。采用偏心的阀芯旋转来调节和切断介质。具有泄漏量小，许用压差大，可调范围大，体积小，流量系数大和流路简单等特点。适用于含有固体悬浮物和高黏度的流体。

（6）蝶形阀：蝶形阀结构简单、阻力系数小，适用于大口径、大流量和低差压的场合。

（7）三通调节阀：三通调节阀有三个出口与管道相连，按作用方式分为合流和分流两种。适用于热交换器的温度控制系统中，具有调节精度高、调节性能好的特点。一台三通可以代替两台单（或双）座调节阀，不仅可以节省投资，而且空间体积也小。

（8）精小型（CV3000）系列调节阀：这是一种在调节阀结构上重大改进的新产品，具有三个突出的特点：流量系数提高 30%；高度降低 30%；重量减轻 30%。阀的类型有套筒、单座阀、小流量调节阀等。

17 压力变送器的作用是什么？有哪几种类型？

在炼油生产中，目前使用的多种调节仪表都有各自的统一调节和输出信号。为了得到这种统一调节信号，需采用变送装置。

压力变送器能连续测量被测介质的压力，并将其转换为标准信号（气压或电流）。变送器的输出可远距离传输到控制室，并进行压力指示、记录或调节。

压力变送器的种类可以不同方式划分。按能源供给方式，可分为电动压力变送器和气动压力变送器。按使用场合，可分为一般、防腐、防爆等类型。

18 **电动压力变送器的基本原理是什么？**

以 DBY（"电"、"变"、"压"汉语拼音字头）型压力变送器为例，它是 DDZ 系列电动单元组合式仪表中的一种单元设备。

DBY 型压力变送器在 DDZ 系列自动调节系统中用于检测变送气体或液体等介质的压力（或负压），将介质的压力转换为 $0\sim10mA$ 的直流电信号。它能与电动调节器组成自动测量、记录和调节系统。

被测压力通过感应元件（弹簧片、波纹管和膜片）转换成作用力，它使主杠杆产生偏移，并带动副杠杆偏转，与此同时使检测片发生位移，此位移使晶体管位移检波器放大而转换成 $0\sim10mA$ 的直流电信号。此电流通过永久磁场内的动圈，由运动而产生与作用力相平衡的反馈力，平衡后检波器不再位移，此时放大器输出电流即为变送器的输出电流，它与输入压力成正比。

DBY 型压力变送器分为两大类型：防爆型与非防爆型。在装置中，由于经常测量易爆物质，所以通常多用防爆型。

DBY 型电动压力变送器由于采用晶体管高频放大器、印刷电路板等新技术和采力平衡结构，所以工作可靠，寿命较长，具有精度高、体积小等优点。

19 **测量液位的目的是什么？常用的液位计有哪些？特点是什么？**

气相和液相的界面测量称为液位测量。测量液位的目的之一是为了计算物料的数量，为生产管理者提供必要数据；目的之二是为了了解液位是否在规定的范围之内，以便进行液位的调节。常用的液位测量方法如下。

（1）玻璃液位计　连通器原理。特点是结构简单，价格低廉，但易碎，读数不明显。

（2）浮标液位计　浮标浮于液体中，随液面变化而升降。特点是结构简单，价格低廉。可用于液位控制和发讯，也可以用于就地指示。

（3）差压液面计　其工作原理基于液面升降时能造成液柱差。其特点是敞口或闭口容器均能用。一般差压变送器测量精度比较高、反映速度快、量程宽，可进行连续测量和远传指示，且被测差压与输出信号呈线性关系，所以应用较多。

（4）电式液位计

① 电容液位计：置于液体中的电容，其电容值随液位高低而变化，该种液位计轻便，测量滞后小，能远距离指示，但成本较高。

② 电阻液位计：置于液体中的电阻，其电阻值随液位高低而变化。

③ 电接触液位计：应用电极导电装置，当液面超过规定范围时，发出电调整信号，用于要求不高的场合。

（5）辐射式液位计　利用放射性同位素发射和吸收程度随液位高低而改变的特性。特点是属非接触式，能测量各种介质液位，但成本高，使用维修不方便。

（6）超声波液位计　利用超声波在气体、液体或固体中的衰减程度、穿透能力和辐射声阻抗等各不相同的特性测量液位。非接触式测量液位，精确度高，惯性小；但成本高，使用维修不方便。

（7）单法兰、双法兰差压变送器　单法兰差压变送器采用法兰取压，硅油做隔离介质，所以适用于黏性、有沉淀、易结晶介质的液位测量。对于容器壁上有较厚结晶或沉淀的情况，可采用插入或单法兰差压变送器。它还具有一般差压变送器的特点。双法兰差压变送器除具有单法兰差压变送器具有的特点外，还适用于液位波动比较大的场合，它的正、负压室与法兰之间的毛细管都充满硅油，变送器与被测量介质之间严格隔离。

（8）浮筒式液面计　浮筒式液面变送器可进行连续测量，就地或远传指示，便于与单元组合仪表配套，适用于各种比重和操作压力的场合，也可用于真空系统、界面测量和换热器液面测量，但量程比较小（一般小于 2m），不适合测量液面量程大、介质腐蚀性太强、高温、高黏度、易凝固的场合。

20 节流式流量计的测量原理是什么？

节流式流量计由节流装置（孔板、喷嘴、文氏管）、引压导管和差压计三部分所组成。流体通过孔板或其他节流装置时，流通面积缩小，流速增加。依据能量守恒定律，当流体不可压缩时，静压必然减少，依据节流装置两侧的压差，可以测出流速，并可折算为流量。节流装置的流量方程是：

$$V=\alpha\varepsilon A\sqrt{\frac{2g\Delta p(\rho_{指}-\rho)}{\rho}}$$

式中　V——体积流量，m^3/s；

　　　α——流量系数，取决于节流装置的几何形状、孔径与管径比值等因素，当 Re 数很小时，还与 Re 数有关，α 的数值可查阅有关手册；

　　　ε——膨胀校正系数，如将流体作为不可压缩来看待，则 $\varepsilon=1$；

　　　A——节流装置的开孔截面积，m^2；

　　　Δp——U 型差压计压差（读数），m；

　$\rho_{指}$，ρ——U 型管内指示液和被测液的密度，kg/m^3。

由于流量 V 与压力差 Δp 成平方根的关系，所以用这种流量计测流量时，流量标尺为不均匀刻度。

21 仪表的零点、跨度、量程是指什么？

仪表的零点是指仪表测量范围的下限（即仪表在其特点精度下所能测出的最小值）。量程是指仪表的测量范围，跨度是指测量范围的上限和下限之差。

如果一台仪表测量范围是 200～300℃，则它的零点就是 200℃，量程是 200～300℃，跨度是 100℃。在使用中应选择适当，一般使仪表的正常指示值为仪表量程的 50%～70% 为最佳，既可使工艺参数不超过量程，又可减少测量误差。

22 什么是仪表的误差和精度？

仪表的误差是指仪表在正常工作条件下的最大误差。它一般用百分比相对误差表示：

$$百分比相对误差 = \frac{最大绝对误差}{跨度} \times 100\%$$

式中，最大绝对误差是多次测量中被测参数值与标准值之差的最大值。

仪表的精度是指仪表允许误差的大小，它是衡量仪表准确性的重要参数之一。常用仪表的精度有：0.05、0.1、0.2、0.35、0.5、1.0、1.5、2.5、4.0 等级别，0.35 以上的仪表称精密仪表，用以校验其他级别的仪表。0.5、1.0、1.5 级仪表多用在实验室中。1.5～4.0 级仪表多用在工厂的生产中，仪表精度在仪表盘面标明。

如果一台仪表的百分比误差是 1.2%，它小于允许误差 ±1.5%，则该仪表的精度就是 1.5 级。

23 仪表灵敏性和稳定性有什么意义？

仪表的灵敏性是指被测参数变化反应在测量仪表值变化的程度。仪表的灵敏度低就不能把被测参数的微小变化量测出来。

仪表的稳定性是表示在相同外界条件下，仪表对同一被测量值的多次测量中其指示值（正行程或反行程）的稳定程度。如果仪表稳定性不好，对同一被测量的多次测量显示值不同，不仅误差大，还影响调节系统的调节质量。

24 什么是本质安全仪表？有何优点？

本质安全仪表是既不产生也不传递足以点燃可燃性气体或混合物的火花和热效应的仪表。本质安全意味着内在的人身安全，防爆和本安（IS）是电子（电动）仪表在易燃易爆气体中使用的两种被认可、行之有效的手段，仪表的电子电路在任何情况下都不能成为点火源，本质安全仪表可在 0 区安全地安装和使用。

25 孔板测量流量的原理是什么？

孔板测量流量是根据伯努利方程流动的能量守恒原理实现的。测出孔板前后的压差，即可计算出管道内的介质流量。在自动控制中是将此压差（$P_1 - P_2$）通过差压变送器转换成统一的气或电信号来进行测量的。

26 双金属温度计的测量原理是什么？

双金属温度计中的测量元件是由两种线膨胀系数不同的金属叠焊在一起制成的。当两金属片受热，由于两金属片膨胀系数不同而产生弯曲，温度越高，产生的弯曲越大，这种弯曲带动指针显示出被测温度。

27 涡轮流量计的测量原理是什么？

在流体流动的管道里，安装一个可以自由转动的叶轮，当流体通过叶轮时，流体的动能使叶轮旋转，流体的流速越高，动能越大，叶轮转速也就越高，因而测出叶轮的转数或转速，就可以测出管道内介质的流量。

28 什么是绝对误差？什么是相对误差？

测量误差通常有两种表示法，即用绝对表示法和相对表示法来表示。绝对误差等于测量值减真实值；相对误差等于绝对值除以真实值。

29 什么是仪表的灵敏度？

仪表的灵敏度，可用仪表输出的变化量 Δa 与引起此变化的被测参数的变化量 ΔX 之比来表示。即仪表灵敏度 $= \Delta a / \Delta X$。

30 什么是定位器？作用是什么？

定位器是控制阀的辅助装置，它与控制阀配套使用，可以使阀门定位器接受调节器送来的信号正确定位，使阀门开关位置与送来的信号大小保持线性关系。

31 气关式调节阀的工作原理是什么？

当阀头无风压时，由于弹簧力的作用将阀芯提起，当阀头风压增大时，风压作用在膜片上，使膜片向下移动，压缩弹簧，使阀芯向下移动。由于弹簧的位移与压力成正比，所以阀芯移动的距离与阀头上的风压成正比关系，即阀头不同的风压有相应于阀芯的不同开度。

32 弹簧式压力表的工作原理是什么？

测压元件是一个 270°圆弧的偏圆形截面的空心金属管，一端是封闭的自由端，另一端是引入压力的固定端，在被测介质压力作用下，弹簧自由端发生位移，通过连杆带动指针旋转，刻度盘上指示相应的压力值。

33 什么是一次表？二次表？

现场的变送仪表称为一次表；室内的控制指示仪表称为二次表。

34 DCS 主要使用了哪三种技术？

（1）计算机技术。
（2）通信技术。
（3）控制技术。

35 电动阀和电磁阀的主要区别是什么？

电动阀是以电动机驱动的，可以将阀开度停留在任意所需的位置上。电磁阀是以电磁铁驱动或用电磁铁控制风动阀的进出阀，其阀门开度只有全开或全关两个位置。

36 什么是自力式调节阀？

自力式调节阀又称直接作用调节阀，不需任何外加能量，并把测量、调节、执行三种功能统一为一体，利用被调对象本身的能量带动其动作的调节阀。

37 什么是 PID 调节？

PID 调节即比例、积分、微分三作用调节器，是将比例调节、积分调节、微分调节作用结合起来的一种调节器。

38 什么是仪表的精确度？精度级？

仪表的精确度＝（仪表的最大允许误差）/（仪表的测量范围）×100％，如将精确度的百分度去掉，就是该仪表的精确级。

39 什么是比例调节规律？

比例调节是根据"偏差的大小"来动作的。它的输出和输入的大小成比例，调节及时，有力，但是有余差。用比例度表示其作用的强弱。比例度越小（放大倍数越大），则作用越强。比例作用太强，也会引起调节振荡。

40 什么是微分规律？

微分调节是根据"偏差变化速度"来动作的，输出与输入偏差的变化速度成比例，其实质和效果是阻止被调节参数的一切变化。有超前调节的作用，对滞后大的对象有很好的效果，使调节过程偏差减小，时间缩短，余差减少，但不能消除余差，用微分时间表示，微分时间大，微分作用强。

41 联锁回路通常由哪几部分组成？

联锁回路通常由以下几部分组成。

输入部分：现场开关，控制盘开关，按钮。

逻辑部分：建立输入、输出关系的继电器触点，电路和可编程序控制器的程序。

输出部分：电磁阀，电动启动器。

42 什么是超驰调节回路？

正常时，有一个调节器控制调节阀，异常时由超驰调节器取代正常调节器控制调节阀，作为异常时的调节，正常后，原来的调节器恢复控制。

43 什么是串级调节，如何投用？

串级调节回路有主副两个调节器，主调节器的输出就是副调节器的给定，副调节器去控制阀门。

串级调节回路一般情况下应先投用副回路，再投用主回路。具体步骤如下。

（1）用手动使主副参数都趋于工艺给定值。

（2）投用副回路，使副回路稳定，副调节器投"AUTO"。

（3）调节主参数，使主参数趋于给定值。

（4）将主调节器投"AUTO"，副调节器投"CAS"。

44 集散控制系统有何特点？

（1）显示操作集中。

（2）控制功能强。

（3）数据处理方便。

（4）系统构成灵活，扩张性好。

（5）安装简便。

（6）具有自诊断功能。

（7）可靠性高。

45 什么是反馈？正反馈？负反馈？

通常我们把输出信号经过一些环节引回到输入端的过程称为反馈。如果是加强输入信号作用的反馈，叫正反馈，反之，抵消输入信号作用的反馈，叫负反馈。

46 调节阀的填料起什么作用？常用的填料有哪几种？

调节阀的填料装于上阀盖填料室内，其作用是防止介质因阀杆移动而向外泄漏。常用的填料有 V 型聚四氟乙烯和 O 型石墨填料两种。

47 现场调节阀名牌上 FC 和 FO 各表示什么意思？

FC 表示气源故障时阀门处于全关位置，即气开阀。

FO 表示气源故障时阀门处于全开位置，即气关阀。

48 孔板流量计测量流量的原理是什么？

当流体流经孔板小孔后，由于惯性作用，流动截面并不立即扩大到与管截面相等，而是继续收缩一定距离后才逐渐扩大到整个管截面。流动截面最小处称为缩脉。流体在缩脉处的流速最高，即动能最大，相应的静压强最小，当流体以一定的流量流经小孔时，就产生一定的压强差，流量愈大，压强差愈大。利用测量压强差的方法来测量流体流量。

49 联锁线路通常是由哪几部分组成？

联锁线路通常由输入部分、逻辑部分和输出部分这三部分组成。输入部分由现场开关、控制盘开关、按钮、选择开关等组成。逻辑部分是建立输入输出关系的继电器触点电路和可编程序控制器的程序。输出部分包括驱动装置、电磁阀、电动机启动器、指示灯等。

50 孔板测量流量的缺点有哪些？

（1）测量精度较低，精度难以掌握。

（2）测量范围窄，一般范围宽度仅为（3∶1）～（4∶1）。

（3）现场安装条件要求较高，特别是需要较长的直管段，同时引压管线易堵塞、冻结而导致信号失真等故障。

（4）损失大。

51 何为反作用调节器？

当调节器输入为正偏差（PV－SV＞0）时，调节器输出信号随输入正偏差信号的增大而减少，该调节器则为反作用调节器。

52 如何简单判断调节阀是否内漏？

在该阀全关状态下，触摸和耳听该阀下游附近管道是否有流体流动的声响即可判断。有时，该阀下游附近管道是否"挂霜"、"发烫"也可判断。

53 乙烯装置使用的调节阀以介质温度分为几种形式？分别用于哪个区域？

乙烯装置使用的调节阀以介质温度分有以下几种。

(1) 普通型，各区都有，用于一般介质，工作温度为－20～200℃。

(2) 长颈型，主要用于冷区，工作温度为－60～250℃，用于深冷介质。

(3) 散热型，主要用于蒸汽系统，工作温度为－60～450℃，用于高温或低温介质。

54 霍尔压力传感器是如何工作的？

霍尔压力传感器是利用弹性元件将被测压力的变化首先转换成弹性元件的变形位移，然后再利用固接在弹性元件位移部分的霍尔片磁场中移动，使通过霍尔片的磁感应强度发生变化，从而引起霍尔电势的变化而工作的。

55 应变式压力传感器是怎样工作的？

应变式压力传感器主要由压力第三元件和粘贴于其上的应变片组成，当被测压力作用于压敏元件时，压敏元件即产生应变，从而引起紧贴其上的应变片也产生相应的应变，使应变片的电阻产生变化。应变式压力传感器就是这样实现压力——电阻转换的。

56 联锁系统的作用有哪些？

(1) 为确保装置安全，稳定生产而采取的联锁措施。

(2) 为确保重要设备的安全运行而采取的联锁措施。这些联锁措施主要用于安全停车、放空及必要时开启备机。

57 转子流量计测量原理是什么？

当流体由底部流经转子流量计时，转子受到两个力作用。一个是垂直向的推动力，它等于流体流经转子与锥形管间的环形截面所产生的压力差。另一个是净重力，它等于转子所受重力减去流体对转子的浮力。当流量增大使压差大于转子的净重力时，转子上升，流量减小时，使压力差小于转子的净重力，转子下沉。当压力差与转子重力相等时，转子处于平衡态，即停留在一定的位置上，根据刻度读数即可读出流体的流量。

58 温度变送器的工作原理是什么？

温度（温差）的测量信息，通常采用变送器变成 $0 \sim 10mA$ 的电流，然后传送到操作室内仪表盘上的调节器或指示器。变送器由输入回路和直流毫伏放大两部分组成。这种变送器可以现场安装，结构简单。

热电偶输出的毫伏信号输入回路部分的桥路进行零点调整，再经过冷端补偿，成为电压。

经滤波器清除噪声之后，通过放大器和复合晶体管变换为 $4 \sim 20mA$ 的恒定电流。

第二节　控制仪表的操作维护

1 温度测量主要有哪几种仪表？热电偶测量温度的原理是什么？

乙烯装置中采用的温度测量仪表是接触式仪表，主要有热电偶、双金属温度计、温度计套管。

热电偶测量温度是应用了热点效应，即同一导体或半导体材料的两端处于不同温度环境时将产生热电势，且该热电势只与两端温度有关。

热电偶是将两根不同的导体或半导体材料焊接或绞接而成，焊接的一端作热电偶的热端（工作端），另一端与导线连接称作冷端。热电势为两种材料所产生热电势的差值，它只与两端温度有关。常用的热电偶有：铂铑-铂（WRLB）；镍铬-镍硅（WRLU）；镍铬-考铜（WREA）。

2 如何投用串级回路？

串级调节是由两个调节器共同作用控制一个调节阀动作的调节方式。首先将串级回路的副表投至自动再将其投至串级，最后主表投至自动即可。投用串级回路时应注意，最好在操作比较平稳时进行，减少因主表设定值与测量值存在偏差造成的波动。

串级均匀调节系统方块图如图 6-5 所示。

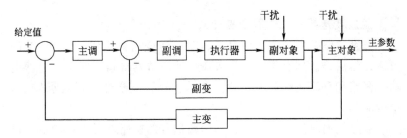

图 6-5　串级均匀调节系统方块图

❸ 仪表对电源、气源有什么要求？

仪表用电源有不间断交流电源（UPS）和工厂用市电交流电源两种。

通常情况下，不影响安全生产的记录、指示仪、在线分析仪表等允许采用工厂用市电交流电源。控制仪表、多点数字显示仪表、闪光报警器、自动保护系统以及 DCS 等控制及安全保护系统都宜采用不间断交流电源（UPS）。

工厂用市电交流电源规格：3 相 380V，单相 380V，单相 220V，3 相 4 线 380/220V，50Hz 正弦波。

交流不间断电源规格：单相 220V 50Hz 正弦波。

采用电动仪表的重要工艺装置（单元），如停电会造成重大经济损失或安全事故的都应配置仪表后备电源。备用时间大于 15min。

仪表所用电源（净化压缩空气）压力一般为 0.5～0.7MPa。气源中的油雾和水是电动仪表的主要威胁，所以气源不得有油滴、油蒸气、含油量不得大于 15μg/g。为防止气动仪表恒节流孔或射流元件堵塞，防止气源中的冷凝水使设备、管路生锈、结冰，造成供气管路堵塞或冻裂，要求除去气源中 20μm 以上的尘粒，气源露点低于仪表使用地区的极端最低温度。

4 **什么是积分饱和？它有什么害处？**

积分饱和现象，是指具有积分作用的调节器在开环状态下，当测量值与给定值之间存在偏差时，使调节器的输出达到最大或最小极限值的现象。

积分饱和现象是有害无益的，使过程起调量加大，过渡时间加长，使调节精度降低。在紧急情况下，调节系统不能立即工作，起不到安全保护作用，甚至造成事故。

5 **微分时间越长，调节作用越大吗？**

微分调节器的输入和输出的关系如下式所示：

$$P = T_d \frac{\mathrm{d}e}{\mathrm{d}t}$$

式中　P——微分调节器的输出；

　　　T_d——微分时间；

　　　$\dfrac{\mathrm{d}e}{\mathrm{d}t}$——偏差 e 的变化速度。

由此式可见，若偏差 e 的变化速度不变，微分时间 T_d 越长，则微分调节作用越大。

6 **什么是集散型控制系统（DCS）？**

工艺流程的控制，一般选用集散型计算机控制系统（DCCS），通常简称为集散型控制系统（DCS）。

集散型控制系统以分散的控制适应分散的过程对象，同时又以集中的监视、操作和管理达到控制全局的目的，不仅发挥了计算机高智能、速度快的特点，而且大大提高了整个系统的安全可靠性。集散系统可在分散控制的基础上，将大量信息通过数据通信电缆传送到中央控制室，控制室用以微处理机为基础的屏幕显示操作站，将送来的信息集中显示和记录，同时可与上位监控计算机配合，对生产过程实行集中控制监视和管理，构成分级控制系统。

集散型控制系统不仅可完成任一物理量的检测，进行自动和手动调节控制，而且可向用户提供多种应用软件，如工艺流程显示、各种报表的制作，还提供过程控制语言，可完成顺序程序控制、数据处理、自适应控制、优化控制等程序编制。系统可采用积木组件式结构，根据用户规模任意组合，从只控制一个回路到控制几百个回路。采用集散控制系统不仅使生产过程实现安全、稳定、长周期运行，而且可实现优化控制和管理。

7 **转子流量计安装时应注意什么？**

安装时转子流量计的锯管必须垂直安装，不可倾斜。

8 **什么是工业自动化在线分析仪器？由哪几部分组成？各部分的作用是什么？**

分析仪器是用来测量物质（包括混合物和化合物）成分和含量及其某些物理特性的仪器总称。用于实验室的称为实验室分析仪器，用于工艺流程中的在线分析仪表称为工业自动化在线分析仪器。

自动化在线分析仪器的工作原理互不相同，其结构也各有差异，但是它们都由一些共同作用的部件和基本的环节所组成。

（1）发送器部分：发送器（也称传送器）是仪器的核心部件，其主要作用是将被测组分浓度的变化或物质性质的变化转化成为某种电参数的变化，这种变化通过一定的电路转变成相应的电压或电流输出。

（2）放大器部分：发送器来的信号一般比较微弱，这时需要放大器将信号放大，以便推动二次仪表。

（3）二次仪表：二次仪表包括指示、记录等显示装置。

（4）取样和预处理装置：取样装置的任务是将被测样品自动地、连续地送入发送器。它包括减压、稳流、预处理和流路切换等。预处理装置通常包括过滤器、分离器、干燥器、冷却器、转化器等。

（5）辅助装置：辅助装置，如恒温器、电源稳压器等，以保证自动化分析系统正常稳定地工作。

9 为什么要用各类防爆仪表？隔爆型仪表在使用中有什么注意事项？

石油化工生产的原料、产品大部分为易燃易爆品，在生产、输送、贮存过程中难免存有少量泄漏，这就要求安装在现场的仪表是防爆仪表。常用防爆仪表有安全型、隔爆型和增安型。

防爆型仪表在使用时，必须严格按照国家规定的防爆规程进行。要注意配管、配线密封。在进行仪表维修时必须先切断电源，以防引起火灾或爆炸。

10 热电偶测量温度为什么要有冷端温度补偿？

热电偶产生的热电势只与热电偶端温有关。冷端温度保持不变时，该电势才是被测温度的单值函数。在应用中，由于热电偶的工作端面与冷端面离得很近，冷端面又暴露于空间，易受环境温度波动的影响，为此要对热电偶冷端进行补偿，使冷端温度保持恒定。

冷端补偿的主要方法是采用补偿导线（这种导线在 $0\sim100℃$ 与所连接的热电偶有相同的热电性能，价格便宜），热电偶的冷端延长后，伸至温度波动很小的地方（如控制室）或配用本身具有冷端补偿装置的仪表。

11 安装测温元件要注意什么？

测量点应设在能灵敏、准确反映介质温度的位置，不得位于介质不流动的死角处。

在直管道上安装，可以直插或斜 45°插入管道。如果工艺管道管径较小可扩管或在弯头处安装，在弯头处或 45°安装时测量元件应与介质逆向。

加热炉炉膛热电偶保护管末端超过炉管的长度应为 $50\sim100mm$；水平安装的热电偶插入炉内的悬臂长度不宜超过 600mm；安装在回弯头箱内的热电偶的接线盒应在回弯头箱的隔热层外。

12 自动化系统可分哪些类型？

（1）自动测量系统。如温度（T）、压力（P）、流量（F）、液面（L）、成分（A）、界面（L）等参数进行测量，并将结果指示或记录出来。

（2）自动调节系统。将生产中某些重要的参数稳定在规定的数值范围以内。

（3）自动信号报警、联锁系统。生产过程中有时由于一些偶然因素的影响，如仪表失灵或外界干扰等因素，使工艺参数混乱，矛盾激化，如不及时处理有可能引起燃烧、爆炸或其他恶性事故发生。为了确保安全生产，对生产中某些关键参数设置自动报警和联锁装置。当参数超过规定的极限值，信号系统动作，发光发声报警，告诉操作人员应立即采取措施。如果处理不及时，联锁系统即自动采取措施，以防止事故发生或扩大。

13 什么是风开阀？什么是风关阀？调节阀的风开或风关根据什么决定的？

气动薄膜调节阀的作用方式有风开、风关两种。有信号压力时阀关，无信号压力时阀全开称风关阀；反之，有信号压力时阀开，无信号压力时阀全关称风开阀。

选择控制阀风开、风关是根据工艺过程中，万一碰到事故状态时，能使被调对象马上转入安全状态，不致发生恶性事故或防止事故进一步恶化。

14 气动调节阀安装应注意的事项有哪些？

（1）调节应垂直安装在水平线上。

（2）为了检修拆卸方便，调节阀应安装在靠近地面的地方。

（3）为了避免膜片老化，调节阀膜头与上边管线的距离应大于 200mm。

（4）气动调节阀应安装在温度适宜（$-40\sim+60$℃）、并远离连续振荡的设备上。

（5）为了调节阀的检修不影响正常生产，调节阀需设有副线。

（6）流体的流向与阀体上表明的箭头方向相符。

15 **为什么调节阀一般设有上、下游阀和旁通阀？**

这是为了便于调节阀发生故障时，不影响正常生产进行调节阀的检修。

16 **现场压力表有哪些缺陷时应停止使用？**

现场压力表在使用过程中如发现压力指示失灵、刻度不清楚、表盘玻璃破碎、泄压后指针不回零、铅封损坏等情况，均应立即停止使用并更换。

17 **如何将调节阀从现场手轮控制改为室内自动控制？**

（1）室内操作人员将调节器打到同室外阀门相同的开度。

（2）室外投用仪表风。

（3）松开现场调节阀手轮。

18 **仪表在进行排放时，内操要注意什么？**

当仪表人员对流量计、压力计、液位计等引压管线进行排放时，室内要将控制方式改为"MAN"，并使阀门开度控制在正常值。在仪表排放期间，由于指示是不对的，故要观察相关的参数并及时调整，以免发生意外。在仪表人员确认仪表完好，投用正常后，方可将控制方式改为"AUTO"。

19 **PV值突然变为坏数据（BAD PV）时，其控制输出是否改变？**

PV值突然变为坏数据（BAD PV）时，其OP输出值不会发生改变，其阀位将保持在PV值变坏前的一瞬间所在的阀位，这样就可避免出现扰动，保持生产平稳。

20 **现场选择气开阀、气关阀的原则是什么？举例说明。**

选择原则是根据工艺的特点，在紧急状况下阀门应处的位置而定，以确保装置在意外情况下的安全。如裂解炉原料进料调节阀为气开阀，DS调节阀为气关阀，在事故状态下，能切断原料的投入，加大DS流量。

21 **什么是分程调节？请举例说明。**

分程调节就是一个调节器控制两个阀门。

如低压 DS 压力调节就属于分程调节。其 OP 输出 0～50％控制"A"阀，50％～100％控制"B"阀。

22 **调节阀现场自动切至手动的方法？**

调节阀现场自动切至手动的方法：

（1）通知室内操作工，并了解调节阀室内开度；

（2）用手轮将阀位开到同室内相同的位置；

（3）停仪表风泄压。

23 **在孔板测量流量的调节系统中，孔板为什么要安装在调节阀前？**

在节流装置测量流量的理论推导中，理论上有两个假设，即流体流动是连续的，并且流体流动过程中遵守能量守恒定律，这就告诉我们流量计的孔板不能安装在气液两相并存的地方。以免增大测量误差。有的液体（如烃类）经调节阀降压后，有时会有部分汽化，形成气液两相共存，因此流量孔板应尽量安装在调节阀前。

24 **一般化工装置电气设备为什么采用防爆型的？**

因为化工装置现场有机物的跑、冒、滴、漏是不可避免的，空气中到处分布着可燃性气体，在局部地方有可能达到爆炸极限，这样普通电气设备产生的电弧、电火花，就能把它们引爆，故电气设备要采用防爆型的。

25 **孔板被堵时，仪表显示流量比正常大还是小，为什么？**

对于孔板流量计而言，孔板指示流量与孔板截面积成正比，与孔板前后压差的平方根成正比。当孔板被污物堵时，孔板截面积减小，孔板前后压差增大，所以当孔板被污物堵时，仪表显示比正常值大。

26 **仪表及其引压管线采用蒸汽伴热时，应遵守哪些规定？**

（1）蒸汽伴热管道应采用单回路供汽和回水，不得串联。

（2）蒸汽伴热管道表面不应与测量管道表面接触，应保持5mm左右的距离。

（3）蒸汽伴热管道的敷设不应采用螺旋式全封闭的方法，以免影响拆卸与检修。

（4）蒸汽伴热管道的连接不应用活接头，应焊接；蒸汽伴热管道不应固定太紧，以保证其自由伸缩。

27 一台正在运行的气动薄膜调节阀，如果阀芯与阀杆脱节，会出现什么现象？

（1）被调参数突然变化。

（2）调节阀不起控制作用，阀杆动作，但流经调节阀的流量不变。

28 调节阀的阀门定位器的主要作用是什么？

（1）通过改变凸轮片的位置，来改变调节阀的流量特性。

（2）实现控制系统的分程调节。

（3）可改变调节阀的动作方向。

（4）能改善调节阀的静态特性，提高阀门的线性度。

（5）能改善调节阀的动态特性，减少信号传递滞后。

29 文丘里流量计的测量原理是什么？

文丘里流量计由一段渐缩渐扩管构成。上游的测压口距管径开始收缩处的距离至少应为二分之一管径，下游测压口设在最小流通截面处，称为文氏喉。流体流经文丘里管时在文氏喉处流速最大，即动能最大，静压能最小。通过测量两个测压口的压强差来度量流体的流量。由于文丘里管有渐缩段和渐扩段，流体流经时流速改变平缓，涡流少喉管处增加的动能可于其后渐扩的过程中大部分转回成静压能。因此，文丘里流量计的能量损失比孔板小。

30 仪表中的比例度、积分、微分的作用是什么？

仪表中的比例度、积分、微分的作用是增加灵敏度，消除残余偏差，克服滞后。

31 气动执行器的手轮机构有哪些用途？

（1）当手动操作器，在开停车或事故状态下，可用手轮机构进行手动操作。

（2）限制阀门开度。在生产过程中，当要求调节阀只打开一部分或不允许调节阀关闭时，用手轮机构作为调节阀的开度限制器。需注意的是，它只能限制一个特定方向的行程，不能同时限制两个方向的行程。

32 怎样安装压力表？

安装前应对压力表进行校验。为保证测量准确，取压点须有代表性。应选在流速平稳的直线管段上，不要选在管线的弯曲、死角处，取压管一般不得伸入设备和管道内。当测压介质为气体时，应装在管道的上半部，介质为蒸汽时，在管道上半部与水平中心线成0°～45°夹角范围内，最好在管道水平中心线上，介质为液体时，在管道下半部与水平中心线成0°～45°夹角范围内。被测介质温度超过80℃时，为防止过热损坏仪表元件，在取压点与压力表阀门间应加环形或U形弯管。测量压缩机或泵出口的脉动压力时，可在压力表前装缓冲器或节流器，必要时加装阻尼阀。

33 在什么场合下选用比例（P）、比例积分（PI）、比例积分微分（PID）调节规律？

比例调节规律适用于负荷变化较小、滞后不太大，而工艺要求不允许有余差的调节系统。比例、积分调节规律适用于对象调节时间常数较小，系统负荷变化较大，纯滞值大而被调参数不允许与给定有偏差的调节。系统、比例、积分、微分调节规律，适用于容量滞后较大，纯滞后不太大，不允许有余差的对象。

34 有哪些情况可使孔板测量流量不准确？

（1）取压管路上的接头、阀门等连接处密封不严，有透漏现象，也会产生测量误差。正压管漏指示偏低，负压管漏指示偏高。

（2）长期运行中，孔板受热变形或孔板入口处周围因磨损变形时引起流量流速变大而产生测量误差。

（3）孔板和导压管因脏物和杂物堵塞，引起测量误差。

（4）导压管积液引起测量误差。

第七章 ▶ 乙烯生产的安全环保

第一节 乙烯生产的安全知识

1 石油化工的主要特点有哪些？

石油化工的主要特点有：易燃、易爆；高温、高压；低温、低压；有腐蚀、易中毒；连续性强。

2 乙烯装置生产有何特点？

（1）生产过程复杂，工艺条件多变。

（2）生产具有高度的连续性。

（3）生产中的物料易燃、易爆、有毒有害、高温高压、低温低压容易损害人体。

3 安全工作的"四有"指的是什么？

安全工作的"四有"指的是：有制度、有措施、有布置、有检查。

4 在接受事故教训上的"三个一样对待"是什么？

（1）大事故与小事故一样对待。

（2）未遂事故和已发生的事故一样对待。

（3）外单位的事故和本单位事故一样对待。

5 压力容器有哪些安全附件？安全阀起跳后如何处理？

压力容器有下列安全附件：安全阀、爆破片、压力表、液位计、温度计等。安全阀起跳后，必须重新进行定压（在线或离线），如需手动关闭，必须办理审批手续，采取防范措施才能进行。

6　泡沫灭火器原理是什么？写出化学反应式。

由硫酸铝和碳酸氢钠泡沫粉在水中反应产生泡沫，其反应式为：

$$Al_2(SO_4)_3 + 6NaHCO_3 \longrightarrow 3Na_2SO_4 + 2Al(OH)_3 + 6CO_2 \uparrow$$

反应生成的大量 CO_2 加上泡沫粉中的发泡剂吹出的大量泡沫，通过喷嘴喷出，覆盖于着火物表面，隔绝空气而灭火。

7　发生工伤事故后怎么办？

立即组织抢救，保护好现场，逐级上报，按事故"三不放过"原则进行分析和书面上报。

8　乙烯装置有哪些消防器材？

有固定的消防水栓和泡沫消防栓。另外还在现场配置了大量的灭火器材，如二氧化碳、1211 等。部分区域还设置了蒸汽幕和灭火蒸汽。

9　动火的安全措施有哪些？

要办理合格的动火证，对动火周围环境进行检查，消除可燃物，动火现场要配备一定数量的灭火器材，要有专人监护，发现异常情况要立即停止动火，动火结束后要清除现场一切残余火种。

10　乙烯装置设置火炬系统的目的是什么？

目的是将乙烯装置非正常状态下，系统内排放的大量气相烃类通过火炬烧掉，以保护装置的安全，防止环境污染。

11　什么是爆炸上限？爆炸下限？

可燃气体或蒸汽在空气中可以使火焰蔓延的最高浓度，即能量可以逐渐传播的最高值，称为爆炸上限。

可燃气体或蒸汽在空气中可以使火焰蔓延的最低浓度，即能量可以逐渐传播的最低值，称为爆炸下限。

12 进入设备内部检修，用火的条件是什么？

氧含量大于 18%，有机物含量低于其卫生允许浓度或在爆炸下限以下。进入设备应办理进设备证，现场有监护人，并准备好必要的救护器具。

13 现场消防水设置的目的是什么？

消防水设置的目的是用以扑灭生产区火灾，保证消防用水的供给。

14 安全阀的作用是什么？

当容器、管道超过正常工作压力时，安全阀能自动起跳，将容器或管道内的介质排出，直至压力下降到正常的工作压力时，它又自动关闭，以保证设备不致超压而发生爆炸。此外，安全阀起跳时排出高速气体，能发出较大的气流声，也起到了自动报警的作用。

15 为什么在雨季，电气设备容易漏电？

雨季的空气湿度大，由于水是导电物质，电气设备上所用的绝缘材料会因吸收了水分或表面附着水分而使绝缘强度降低，造成漏电事故。如果电气设备积尘太多，吸收水分，更易漏电。

16 塔、罐壁裂纹产生的原因有哪些？

（1）局部变形过量。

（2）超压运行。

（3）应力腐蚀。

（4）焊接内应力过大。

17 生产现场发生火灾事故如何处理？

首先要沉着，并立即用身边的灭火器材进行扑救，同时打 119 电话报警，紧急中特别注意以下几点。

（1）使用身边的灭火器材时要与燃烧的物质相适应，做到正确使用，在消防人员到来之前控制火势，不使火势蔓延。

（2）正确报警，打电话时要讲清火灾地点及着火对象。

（3）正确处理生产操作，防止误操作带来更大的损失。

（4）附近人员听到火警后，要在安排好本岗位操作的前提下，按分工职责去支援。

18 **灭火的基本原理及方法是什么？**

燃烧必须同时具备三个条件，采取措施以至少破坏其中一个条件则可达到扑灭火灾的目的。

（1）冷却法：将燃烧物质降温扑灭，如木材着火用水扑灭。

（2）窒息法：将助燃物质稀释窒息到不能燃烧反应，如用氮气、二氧化碳等惰性气体灭火。

（3）隔离法：切断可燃气体来源，移走可燃物质，施放阻燃剂，切断助燃物质，如油类着火用泡沫灭火剂。

19 **防止火灾、爆炸的基本原理和方法是什么？**

防止火灾、爆炸的基本原理是消除燃烧所必须具备的三个条件中的任何一个条件。

基本方法是：

（1）控制可燃物，使其浓度在爆炸极限浓度以外；

（2）消除着火源，加强火种管理；

（3）隔绝空气或控制氧化剂；

（4）阻止火势蔓延。

20 **乙烯装置在设计时考虑采取了哪些安全措施？**

在设计时考虑了下述安全设施。

（1）设有仪表信号联锁装置，当生产操作超出安全生产范围时发生事故报警信号，并自动处理停车，必要时也可实现手动局部或全面停车。

（2）设有火炬系统，使高空火炬的能力可以满足装置紧急停车时排放出的大物料量。

（3）设有消防设施，主要是水和泡沫消防，炉区设有蒸汽幕阻断火源，防止火灾扩大。

（4）设有可燃气体报警器，信号集中在中控室，监视装置内的可燃气体泄漏情况。

（5）设有安全阀，在设备或管道超压时，起跳泄压，以保护设备。

21 有的压力表壳背面有个小圆孔，起什么作用？

当压力表用于测量气体或有毒液体时，在它的表壳背面有个安全孔（上面用橡胶堵死）。这样，当弹簧管或连接处渗漏、损坏时，表壳内的压力将安全阀顶开，避免壳体内的压力冲破正面的玻璃而伤人。

22 静电有哪些危害？

（1）可引起爆和火灾。

（2）能引起人身伤害。

（3）静电能妨碍生产。

23 装置防冻的基本方法有哪些？

（1）流动法：保持管线或设备内的介质不停地流动，防止介质结冰或凝固。

（2）加热法：利用热源给管线或设备内的介质加热，使其保持一定温度。

（3）排空法：把管线或设备内的介质排空。

24 发生火灾时，应如何报警？

拨通火警电话并报告：

（1）着火地点；

（2）着火物的性质；

（3）着火火势；

（4）报警人的单位和姓名。

报警后到单位门口迎接消防队，并报告火灾情况和采取的措施。

25 1211 灭火器如何使用？

将手提式 1211 灭火器拿到起火地点，手提灭火器上部（不要颠倒），用力紧握压把，开启阀门。储压在钢瓶中的灭火剂即可喷出。必须将喷嘴对准火源，左右扫射，并向前推进，将火扑灭。当手放松时，压把受弹簧力作用恢复原位，阀门关闭，喷射停止。重复开启灭火器阀门，也可以点射灭火。

26　生产装置火灾初起时如何扑救？

（1）由当班班长负责指挥。根据工艺情况迅速查清着火的部位、着火物质及物料的来源，及时关闭阀门切断物料，有效地控制火势，以利于灭火。

（2）带有压力的设备泄漏着火后，物料不断喷出。除立即切断进料外，还应打开泄压阀门，将物料放入火炬，以减轻火势便于扑灭。

（3）由当班班长组织利用装置内的消防设施及灭火器材，迅速组织人力进行扑救，防止火灾蔓延，同时报火警并报厂调度室和上级领导。

（4）根据火势大小和设备、管道的损坏程度，由当班负责人迅速果断作出装置是否紧急停车的工作指令。

（5）向消防人员介绍着火部位、介质温度、压力和已经采取的措施。各项工作由当班负责人根据实际情况及时处理，不可贻误时机。

27　不能用水扑救哪些物质和设备的火灾？

（1）密度小于水和不溶于水的易燃液体不可以用水扑救，如汽油、煤油、柴油等。

（2）高压电气火灾，在没有切断电源的情况下一般是不能用水扑救的。因水具有导电能力，容易造成扑救人员触电。

（3）碱金属（钠、钾等）、碳化碱金属、氢化碱金属不能用水扑救。这些物质遇水后发生化学反应并放出大量的热，可能引起爆炸。

（4）硫酸、硝酸和盐酸不能用强大的水汽冲击。因强大的水流能使酸飞溅，流出伤人，遇可燃物质有引起爆炸的危险。

（5）高温容器炉膛和管线遇水后易变形破裂。

28 为什么电动机外壳要接地？

在正常情况下，电动机外壳不带电，但在电动机绝缘受潮时，外壳就带电了。如果这时候有人摸它，就会产生触电事故。因此，电动机外壳应有可靠的接地线。

29 防爆安全型电气设备的主要特点是什么？

这类设备的主要特点是在正常运行时，不产生火花、电弧或危险温度。

30 发生冻伤后如何紧急处理？

（1）低沸点液体流到或喷到皮肤上后，应迅速擦去，不让其在皮肤上停留与蒸发。

（2）被低沸点液体浸湿的手套、鞋袜与衣帽应迅速脱去，避免液体蒸发从人体吸热。

（3）冻伤者应迅速到温暖处，冻伤部位用温水清洗干净。然后用少量酒精摩擦，昏迷者应立即做人工呼吸。

（4）冻伤面积较大与冻伤严重者应送到医务所或医院处理。

31 使用氧气呼吸器应注意什么？

（1）使用中应随时注意氧气的压力变化，当压力低于 3.0MPa 时，应立即离开毒气。

（2）戴氧气呼吸器工作，一般应二人结伴同行，以免发生危险。

（3）在工作中，若感到氧气不足或口内有酸味时按手动补给器按钮。

（4）当仪器发生故障时，应立即退出毒区，不得继续工作和修理故障，不得在有毒区域摘下面罩。

（5）氧气呼吸器使用后应立即通知车间安全员和气体防护站，由气防站派人进行检查维护并重新加打铅印。

32 怎样才能防止静电事故发生？

（1）限制液体流速。

（2）采取静电屏蔽。

（3）可靠接地，接地线可促使产生积累的电荷流散或消除。

（4）增加导电性，增加空气湿度，使用静电添加剂。

（5）避免或防止周围环境的危险因素，限制使用或除去危险物品，改善通风换气条件，用惰性气体置换或充气。

33 **氧气呼吸器的种类有哪些？如何使用？**

氧气呼吸器的型号有 AHG-1、AHG-2、AHG-4 三种，可分别使用 1h、2h、4h，压力为 14.71MPa、19.61MPa。使用时背在身上，捆好腰带，戴好面罩，作数次深呼吸（检查是否漏气）后方可进入毒区。

34 **用水灭火的原理是什么？**

（1）水能够冷却燃烧物质，水的热容和汽化热较大，如加热 1kg 水，使其温度升高 1℃需要 1kcal 热量。水能够从燃烧物质中吸收大量的热，减少燃烧区物质的温度。

（2）水蒸气能隔绝空气，使燃烧窒息。1kg 水能生成 1720L 水蒸气。水蒸气能阻止空气进入燃烧区，并减少燃烧区中氧的含量，使其失去助燃作用。

（3）水在机械作用下有大的冲击力，水流强烈地冲击火焰，使火焰中断而熄灭。

（4）水能够稀释某些液体，冲淡燃烧区内可燃气体的浓度，降低燃烧强度，并能浸湿未燃烧的物质，使之难以燃烧。

35 **当人身着火时，应如何自救？**

一般情况下，当衣服着火时，如不能立即扑灭，为防止烧伤皮肤，则应立即将衣服撕脱掉。若着火面积很大，来不及或无力解脱衣服，应就地打滚，用躯体将火压灭，切不可跑动，否则风助火势，便会造成更严重的后果。当然，衣服着火就地有水灭火效果会更好。如果皮肤被烧伤要防止感染。

36 **常见的消防器材有哪些？一般灭火方法及注意事项有哪些？**

常用的灭火物质有：①固体，砂、土、石棉粉、石棉毡、碳酸氢钠粉等；②液体，水、溴甲烷、四氯化碳、泡沫等；③气体，氮气、二氧化碳气、水蒸气等。

常见的灭火器材有：①各类灭火器，泡沫灭火器、二氧化碳灭火器、四氯化碳灭火器、干粉灭火器、"1211"（二氟一氯一溴甲烷）灭火器等；②各类消防车、水车、泡沫车、干粉车、氮气或二氧化碳车等；③各类灭火工具，消防栓、铁锹、铁钩、石棉布、湿棉被等。

一般灭火方法及注意事项：①气体着火，立即切断气源，通入氮气、水蒸气，使用二氧化碳灭火器，用湿石棉布压盖，必要时停车处理。②油类着火，使用泡沫灭火机效果最好。油桶、贮罐、油锅可用湿石棉袋、石棉板覆盖，禁止用水扑灭。③电气着火，使用四氯化碳、二氧化碳、干粉灭火剂，应先切断电源，禁止使用水和泡沫灭火机扑灭。④木材、棉花、纸张着火，可用泡沫灭火机、水。⑤文件、档案、贵重仪表着火，可用二氧化碳、干粉和"1211"灭火机扑灭。

37 泡沫灭火原理是什么？灭火器的结构、使用方法及其注意事项有哪些？

灭火原理：冷却、窒息。适用于扑救油类火灾，不宜扑救醇类、酮类、醚类等水性液体的火灾。目前高倍数泡沫灭火系统有逐步取代低倍数泡沫灭火系统的趋势，高倍数泡沫灭火剂的发泡倍数高（201～1000倍），能在短时间内迅速充满着火空间，特别适用于大空间火灾。广泛应用于油罐区、液态烃罐区、油轮、大型库房等扑救失控性大火。

泡沫灭火器由内筒、外筒组成，内筒为玻璃筒或塑料筒，筒内装有硫酸铝等酸性溶液，外筒为铁筒，筒内装有碳酸氢钠溶液和泡沫剂。

使用时颠倒过来，两种药液混合而发生化学反应，产生带压的二氧化碳泡沫，一次有效。其喷射距离约8m，喷射时间约1min，拿取泡沫灭火器必须保持平稳，勿倾斜或背在肩上，使用时，一手提环，一手握底边，将灭火器颠倒过来，对准着火点，即可喷出二氧化碳泡沫，其喷嘴易被堵塞，故应挂通竿，经常保持畅通无阻，冬季注意防冻，零度以下药剂失效，药剂有效期为一年，泡沫灭火器适用于木材、棉花、纸张、油类着火，不适用于电气、忌水的化学品（钾、钠、电石等）、带压气体着火。

38 二氧化碳灭火器的灭火原理是什么？灭火器的结构、使用方法及其注意事项有哪些？

二氧化碳灭火剂是一种具有一百多年历史的灭火剂，价格低廉，获取、制备容易，其主要依靠窒息作用和部分冷却作用灭火。二氧化碳具有较高的密度，约为空气的 1.5 倍。在常压下，液态的二氧化碳会立即汽化，一般 1kg 的液态二氧化碳可产生约 $0.5m^3$ 的气体。因而，灭火时，二氧化碳气体可以排除空气而包围在燃烧物体的表面或分布于较密闭的空间中，降低可燃物周围或防护空间内的氧浓度，产生窒息作用而灭火。另外，二氧化碳从贮存容器中喷出时，会由液体迅速汽化成气体，从周围吸引部分热量，起到冷却的作用。

二氧化碳灭火器为耐高压钢瓶，瓶内装有 $6\sim9MPa/cm^2$ 的液态二氧化碳，其喷射距离约 2m 左右。使用时先拔出设有铅封的保险销子，喷射喇叭对着火点，一手握喷射喇叭木柄；一手掀动鸭舌开关或旋转开关，即可喷出雪花状的二氧化碳，温度可达 $-78℃$，液态体积变为气态体积增大 760 倍。二氧化碳是一种惰性气体，不燃爆，当空气中浓度为 30%～35% 时，燃烧就会停。使用中注意不要喷到手上、身上，也不能手握喇叭筒，以防冻伤；人站在上风向，不要站在逆风向，以防窒息；放置地点温度应低于 35℃，不要暴晒或靠近高温设备，钢瓶三年检验一次。

二氧化碳灭火器主要用于扑救贵重设备、档案资料、仪器仪表、600V 以下电气设备及忌水物质（油类）等的初起火灾，不适用于碱金属着火（钾、钠、镁、铝粉及铅锰合金）。

39 "1211" 的灭火原理是什么？灭火器的结构、使用方法及其注意事项有哪些？

"1211" 属于含有卤代烷的灭火剂，通过溴和氟等卤素氢化物的化学催化作用和化学净化作用大量捕捉、消耗火焰中的自由基，抑制燃烧的链式反应，迅速将火焰扑灭。由于卤代烷会与大气层的臭氧发生反应，致使臭氧层出现空洞，使生存环境恶化，因此，国家环保局于 1994 年专门发出《关于非必要场所停止再配置卤代烷灭火器的通知》。一批含氢氟烃类灭火剂等环保替代产品现已逐步开始应用，目前应用比较多的是四氯化碳，下面以四氯化碳为例介绍该类灭火器的结构、使用方法及其注意事项。

四氯化碳是一种不会燃烧，也不导电的液体，容易挥发，1L 可气化成 145L 蒸气。四氯化碳灭火器的筒体由钢或铁制成，常用的有泵浦式、气压式、贮压式三种。泵浦式是一种双作用的活塞泵浦，旋开手柄，推动活塞，四氯化碳即可喷出，气压式和贮气式的内部有压气和贮气筒，使用时一手握住机身下端，并用手指捺住喷嘴，另一手旋开手柄，前后抽动，打足气以后放开手指，四氯化碳即可喷出。

四氯化碳主要用于扑救油类、电气设备、化工化纤原料等初起火灾。忌用于金属钾、钠、镁、铝粉失火，也不适用于电石、乙炔起火。

四氯化碳达到 250℃时，能与水蒸气发生作用，分解出有毒气体，因此，人们在高温作业和空气不流通的场合使用要注意防止中毒。四氯化碳灭火时，能分解出有毒气体光气，为防止中毒，现在国内外基本上不生产。

40 干粉灭火器的灭火原理是什么？灭火器的结构、使用方法及其注意事项有哪些？

干粉灭火器是利用二氧化碳气体或氮气气体作动力，将筒内的干粉喷出与火焰接触，混合发生物理、化学作用灭火。一是靠干粉中的无机盐的挥发性分解物，与燃烧过程中燃料所产生的自由基或活性基团发生化学抑制和副催化作用，使燃烧的链反应中断而灭火；二是靠干粉的粉末落在可燃物表面外，发生化学反应，并在高温作用下形成一层玻璃状覆盖层，从而隔绝氧，进而窒息灭火。另外，还有部分稀释氧和冷却作用。干粉灭火剂是用于灭火的干燥且易于流动的微细粉末，由具有灭火效能的无机盐和少量的添加剂经干燥、粉碎、混合而成微细固体粉末组成。它是一种在消防中得到广泛应用的灭火剂。除扑救金属火灾的专用干粉化学灭火剂外，干粉灭火剂一般分为 BC 干粉灭火剂和 ABC 干粉两大类。如碳酸氢钠干粉、改性钠盐干粉、钾盐干粉、磷酸二氢铵干粉、磷酸氢二铵干粉、磷酸干粉和氨基干粉灭火剂等。干粉灭火器按移动方式分为手提式、背负式和推车式三种。

干粉灭火机由两部分组成，一是装有碳酸氢钠等盐类和防潮剂、润滑剂的钢筒，二是工作压力为 $14MPa/cm^2$ 的二氧化碳钢瓶，钢瓶内的二氧化碳作为喷动力。

干粉喷出，盖在固体燃烧物上，能够构成阻碍燃烧的隔离层，而且通过受热，还会分解出不燃气体，稀释燃烧区域中的氧含量。干粉还有中断燃烧连锁反应的作用，灭火速度快。

使用时，在离火场几米远时，将灭火机立于地上，用手握紧喷嘴胶管，另一手拉住提环，用力向上拉起并向火源移近，这时机内就会喷出一股带大量白色粉末的强大气流。

干粉灭火机适用于扑救石油、有机溶剂等遇水燃烧的物质、可燃气体和电气设备的初起火灾。如扑救油类火灾时，不要使干粉气流直接冲击油渍，以免溅起油面使火势蔓延。存放处保持 35℃以下，钢瓶内 CO_2 不少于 250g，严防漏气失效，有效期为 4～5 年。

41 装置内如何设置灭火器？

灭火器的种类、数量以及放置的位置应根据不同情况考虑决定。在一般情况下，手提式灭火器和数量不应少于要求。露天生产装置以及火灾危险性较大的地点，除设置手提式灭火器外，还应设置一定数量的泡沫、干粉等手推式灭火机。

42 高压高温设备着火后，救火应注意什么？

应迅速查清发生泄漏着火的部位，一般来说高压高温设备泄漏着火的通常是高温氢气的泄漏着火，应立即报告有关部门同时立即启动紧急泄压系统，使压力迅速下降，以减少氢气的泄漏量。同时降温并切断原料油和新鲜氢气进入系统。

消防车在现场就位，准备好干粉灭火机和灭火器。一旦氢气泄漏量减少，火势减弱，即可对火源处喷射灭火剂灭火。不能使用二氧化碳和高压水等具有冷却作用的灭火剂来扑救高温、高压设备、管道泄漏的火灾。因为高温部位的一些密封面可能会因不同材质在急剧降温时收缩程度不同引发更大的泄漏，使火情加重，甚至酿成灾难性后果。高压水在救火过程中仅限于用来保护其他冷态的设备，以减少火源产生的热辐射对它们的影响。

大量的高温氢气泄漏火灾事故的后果非常严重并且难以确定其发展方向。如果火灾持续扩大可能发生爆炸，应做好人员撤离工作。

43 **什么是爆炸？常见的爆炸有哪两类？发生爆炸的基本因素是什么？**

爆炸是物质自一种状态迅速转变到另一种状态，并在瞬间放出巨大的能量，同时产生巨大响声的现象。

常见的爆炸有物理爆炸和化学爆炸。

物理爆炸：由于物质状态或压力发生突变而引起的爆炸称为物理爆炸。如蒸汽锅炉的爆炸便属于此类。

化学爆炸：由于物质发生极迅速的化学反应，产生高温高压而引起的爆炸称为化学爆炸。化学爆炸前后物质的性质和成分均发生了根本的变化。

造成爆炸的基本因素是：①温度；②压力；③爆炸物的浓度；④着火源。

44 **什么是爆炸浓度极限？影响爆炸极限的主要因素有哪些？**

可燃气体、粉尘或可燃液体的蒸汽与空气形成的混合物遇火源发生爆炸的浓度范围，称为爆炸浓度极限，简称爆炸极限。通常用可燃气体在空气中的体积百分比（%）来表示。

爆炸极限随着原始温度、原始压力、介质的影响、容器的尺寸和材质、着火源等因素而变化。

（1）原始温度：原始温度越高，爆炸极限越大，即爆炸下限降低，上限升高。

（2）原始压力：压力增高，爆炸极限扩大，其上限提高较下限更为显著，原始压力降低，爆炸范围缩小，降到一定数值时，上下限互相合为一点，压力再降低则不易爆炸。

（3）介质的影响：爆炸混合物加入惰性气体，爆炸范围将缩小，当惰性气体达到一定浓度时，可使混合物不能爆炸。

（4）容器尺寸和材质：容器尺寸减小，爆炸范围缩小。

（5）着火源：着火源的能量，热表面面积及着火源与混合物接触时间对爆炸极限均有影响。

45 **爆炸危险物质如何分类？**

（1）一般的爆炸危险物质：可燃气体；易燃流体，即闪点在45℃以下的流体；闪点低于或等于现场环境温度的液体；爆炸下限≤66g/m³ 的悬浮状可燃粉尘，可燃纤维。

（2）危险性较大的爆炸性物质：闪点≤28℃液体和爆炸下限≤10％的可燃气体；爆炸混合物的级别为四级，组别为 d 级、e 级的可燃气，如二硫化碳等；导电性的金属粉尘，如镁、铝粉等。

46 **氢氧化钠的化学性质是什么？对身体的危害有哪些，如何防护？**

氢氧化钠是具有腐蚀性的白色固体。使用时配制成不同浓度的溶液。与酸性物质反应生成盐，与金属反应生成氢气（锌、铁、铅及它们的合金）。固体氢氧化钠溶于水时产生大量的热，剧烈沸腾。应将氢氧化钠慢慢地加入水中，并不断搅拌。它对人体组织有严重的腐蚀作用。皮肤接触到氢氧化钠会严重烧伤，溃烂并留下伤痕。溅入眼睛会导致严重损伤。不慎进入口中导致黏膜严重损害并发生穿孔。氢氧化钠溶液溅到皮肤上要立即用大量清水冲洗，溅入眼内应即刻用清水冲洗至少 15s 后去医院检查处理。工作人员应佩戴面罩，穿防护服。

47 压力容器发生哪些现象，操作人员有权立即采取紧急停车措施？

发生下列异常现象之一，操作人员即可采取停车措施并报告有关负责人和有关部门。

（1）容器工作压力、介质温度或壁温超过允许值，采取措施仍不能解决。

（2）压力容器的主要受压元件发生裂纹、鼓包、变形和泄漏等危及安全生产的故障。

（3）压力容器的安全附件失效，接管端断裂，紧固件损坏难以保证安全运行。

（4）发生火灾且直接威胁到压力容器的安全运行。

48 可燃气体和空气的混合物在爆炸界限以外为何不会发生爆炸？

混合物高于爆炸上限时，因空气不足，火焰不能传播。低于爆炸下限时，因含有过量的空气，空气的冷却作用阻止火焰的蔓延。因此，当可燃气体浓度在爆炸界限以外时，混合气体不会发生爆炸。但对于浓度在爆炸上限上的混合物，一旦补入空气就具有危险性。

49 压力容器安全附件校验期限及要求如何？

（1）安全阀：每年至少校验一次，启跳压力为压力容器操作压力的 $1.05 \sim 1.1$ 倍。

（2）防爆片：定期更换，每年至少一次。

（3）压力表：每年至少校验一次并加铅封。

（4）液位计：严格控制玻璃管、板的质量，并经 1.5 倍工作压力试验合格，标有液位高、低标志。易爆介质应装有安全防爆罩。

（5）测温仪表：测温仪表精度符合要求，信号灵敏度按设计要求配置，不得任意取消，对温度有怀疑时应及时校验。

（6）进出口切断阀：必须灵敏，切断时保证严密。

50 化工生产中可能发生火灾爆炸的主要原因有哪些？

（1）明火。

（2）可燃性物料设备内检修时工具的撞击火花。

（3）电火花。

（4）真空系统漏入空气与可燃性气体。

（5）物质的相互作用反应剧烈（如聚合分解）。

（6）静电积聚。

（7）通风不良，可燃气体或粉尘积聚。

（8）物质的自燃。

（9）设备超过规定压力，仪表、安全阀失灵。

（10）雷雨放电。

51 **火炬系统应在什么时候开、停车？**

在装置正常开车时，在接收燃料气之前，进行火炬系统的开车。在装置正常，停车检修时，需要检修的系统置换合格，且没有其他任何系统排放火炬后，方可进行火炬系统的停车。

52 **安全基础知识有关术语有哪些？**

（1）安全"三同时"：建设项目"三同时"是指生产性基本建设项目中的劳动安全卫生设施，必须与主体工程同时设计、同时施工、同时投产和使用。

（2）安全"三级教育"：厂级、车间级和班组级等三级安全教育。

（3）"三不动火"原则：没有合格用火许可证不动火；防火措施不落实不动火；用火看火人不在现场不动火。

（4）"四不开汽"原则：检修质量不好不开汽，堵漏不彻底不开汽，安全设施不好不开汽，卫生不好不开汽。

（5）事故"四不放过"原则：事故原因分析不清不放过；事故责任者和群众没有受到教育不放过；没有防范措施不放过；事故责任者没有受到处罚不放过。

（6）"三违"现象：违章作业、违章指挥、违反劳动纪律。

（7）"三不伤害"：不伤害自己、不伤害他人、不被他人伤害。

53 安全用火有关术语有哪些？

（1）易燃液体：闪点≤45℃的液体。

（2）可燃液体：闪点＞45℃，遇火源或受到高温作用能起火燃烧的液体。

（3）可燃气体：与空气混合在爆炸极限内遇火源或受到高温作用能起火燃烧的气体如氢气、氨气、石油气等。

（4）申请用火单位：设备产权所属单位。

（5）施工单位：施工动火单位。

（6）装置区域：动火点所在的装置或区域名称。

（7）用火部位：动火所在的具体位置。

（8）用火时间：连续动火作业时间。

54 简述"三级安全教育"的程序如何进行？

（1）新工人经厂安全教育考试合格后，由厂安全部门填写安全教育卡，厂劳动人事部门作为分配到车间的依据。

（2）经车间级安全教育考试合格后，由车间安全员填写好安全教育卡，由车间分配到班组进行班组安全教育。

（3）由班组安全员填写好安全教育卡，交车间安全员汇总交厂安全部门存档备查。

55 厂级安全教育、车间安全教育和班组安全教育的主要内容是什么？

（1）厂级安全教育的主要内容：①认识安全生产的重要性，学习党和国家的安全生产方针政策；明确安全生产的目的任务；②了解工厂概况、生产特点、共同性的安全守则；③初步掌握防火和防毒方面的基础知识和器材使用与维护；④重点介绍工厂安全方面的经验和教训。

（2）车间安全教育的主要内容：①了解车间概况，车间生产特点及其在安全生产中的地位和作用；②学习车间生产工艺流程及工艺操作方面共同性的安全要求与注意事项；③学习车间生产设备和维护检修方面共同性的安全要求与注意事项；④学习车间安全生产规章制度，介绍车间安全与生产方面的经验和教训。

（3）班组安全教育的主要内容：①了解岗位的任务和作用，生产特点、生产设备和安全装置；②了解岗位安全规章制度，安全操作规则；③了解岗位个人防护用品、用具、器具，器具的具体使用方法；④了解岗位发生过的事故和教训。

56 什么是安全装置？安全装置如何进行分类？

安全装置是为预防事故所设置的各种检测、控制、联锁、防护、报警等仪表、仪器装置的总称。按其作用的不同，可分为以下七类。

（1）检测仪器：如压力表、温度计等。

（2）防爆泄压装置：如安全网、爆破片等。

（3）防火控制与隔绝装置：如阻火器、安全液封等。

（4）紧急制动，联锁装置：如紧急切断阀、止逆阀等。

（5）组分控制装置：如气体组分控制装置、流体组分控制装置等。

（6）防护装置与设施：如起重设备的行程和负荷限制装置、电气设备的行程和负荷限制装置、电气设备的防雷装置等。

（7）事故通信、信号及疏散照明设施：如电话、报警器等。

57 为什么在易燃易爆作业场所不能穿用化学纤维制作的工作服？

在易燃易爆工作场所不能穿化纤衣服的一个重要原因是：化纤衣服和人体或空气摩擦，会使人体带静电，一般可以达数千伏甚至上万伏，这么高的电压放电时产生的火花，足以点燃可燃性气体，从而造成火灾或爆炸。

另外，化学纤维是高分子有机化合物，在高温下（如锦纶为180℃左右、腈纶为 190～240℃、涤纶为 235～450℃、维纶为220～230℃）便开始软化，温度再升高 20～40℃，就会熔融而呈黏流状态。当装置发生火情或爆炸时，由于温度一般都在几百度以上，所以化学纤维会立即熔融或燃烧。熔融物黏附在人体皮肤上，必然会造成严重烧伤。棉、麻、丝、羊毛等天然纤维的熔点比分解点高，一旦遇高温即先分解或炭化，所以这类衣物着火就不会黏附在人体上，容易脱落或扑灭，不会加重烧伤。从大量烧伤事故看出，凡是穿用化学纤维的烧伤人员，其伤势往往较重，且不易治愈。因此，乙烯装置工作服均采用棉布类天然纤维，而不能穿化学纤维服装。

58 **易燃易爆的物质如何分类？**

甲类：闪点小于28℃的易燃液体。

乙类：28℃≤闪点＜60℃的为易燃、可燃液体。

丙类：A，闪点≥60℃的可燃液体；B，可燃固体。

59 **什么是燃烧？燃烧需要具备哪些条件？**

燃烧是一种放热发光的化学反应，也就是化学能转变成热能的过程。在日常生活、生产中所见的燃烧现象，大都是可燃物质与空气（氧）或其他氧化剂进行剧烈化合而发生放热发光的现象，实际上燃烧不仅有化合反应，而且有分解反应。

简单可燃物质的燃烧，只是元素与氧的化合，例：

$$C+O_2 \longrightarrow CO_2 \quad S+O_2 \longrightarrow SO_2$$

复杂物质的燃烧，则先是物质的受热分解，后是化合反应。例：

$$CH_4 + 2O_2 \longrightarrow CO_2 + 2H_2O$$

反应是否具有放热、发光、生成新物质等三个特征，是区分燃烧和非燃烧现象的根据。其中可燃物与氧化合所发生的燃烧是燃烧中最普遍的一种。但是，有些可燃物没有氧参加化合也能燃烧，如氢气在氯气中燃烧。

一般来说，燃烧需要同时具备以下三个条件。

（1）要有可燃物。凡是能和氧或氧化剂起剧烈化学反应的任何固体、液体和气体都可称作可燃物质，如石油、煤炭、瓦斯、纸张等。

（2）要有助燃物质。一般指氧和氧化剂。氧普遍存在于空气中（氧在空气中的体积比为21%），因此，当可燃物质燃烧时，只要源源不断地供给空气，燃烧就能继续，直到燃尽，否则燃烧就会停止。

（3）要有着火源。凡是能够把可燃物部分或全部加热到发生燃烧所需要的温度和热量的热源，都叫作火源。着火源很多，分为直接火源和间接火源。直接火源有明火，通常指的是生产生活用的炉火、灯火、焊接火以及火柴、打火机的火焰、烟头火、烟囱火星、撞击摩擦产生的火星、烧红的电热丝，还有电气火花和静电火花以及雷电等。间接火源主要是指加热火物质本身自行发热、自燃。

不难看出，没有可燃物，燃烧根本不会发生，有了可燃物，而无氧或氧化剂，燃烧也不能进行，即使有了可燃物和氧，若没有着火源也还是燃不起来。由此，燃烧必须同时具备上述三个条件，且缺一不可。

60 **引起着火的火源的途径和方式主要有哪些？**

（1）明火——如焊炬、炉火、香烟等。

（2）明火花——如电气开关的接触火花，静电火花。

（3）雷击——云层在瞬间高压放电引起的火。

（4）加热自燃起火——如熬沥青加热引起自燃。

（5）可燃物质接触被加热体的表面——如油棉纱接触高温介质的管道引起自燃。

（6）辐射作用——衣服挂在高温炉附近引起着火。

（7）由于摩擦作用——如轴承的油箱缺乏润滑油发热起火。

（8）聚焦及高能作用——使用老花眼镜、铝板等对日光的聚焦作用和反射作用引起着火；激光照射引起着火烧毁。

（9）对某些液态物质施加压力进行压缩，产生很大的热量，也会导致可燃物着火，如柴油发动机起火的工作原理。

（10）与其他物质接触引起自燃起火，如钾、钠、钙等金属与水接触；可燃物体与氧化剂接触，如木屑、棉花、稻草与硝酸接触等。

61 **防雷防静电相关术语有哪些？防范措施是什么？**

雷电是积累大量电荷的云层相互接近到一定的距离，发生激烈的放电现象。放电时，出现耀眼的闪光，同时因放电温度高达20000℃，造成空气受热急剧膨胀，产生轰鸣，这就是闪电和雷鸣。

雷电的危害有：①高电压产生高压冲击波，损坏电气设备，造成停电，火灾爆炸；②高电流产生高热能，损示电气电线，引起火灾爆炸；③高电流通过被击物时，在间隙气体剧烈膨胀，被击物受损或爆裂。

防范雷击的措施：①装设避雷针；②装设避雷线；③采用避雷网或避雷带。

静电是由两种不同的物体相互接触摩擦、感应等而产生的电荷。

静电的危害：炼油过程产生的静电，如果电压较高时会影响安全生产，使人体遭受雷电击，并引起火灾爆炸。

静电引燃的界限：静电非导体的引燃电位约30kV。国家标准《防止静电事故通用导则》中指出，静电非导体的电位低于15kV时不会引燃最小引燃能量大于0.2MJ的可燃性气体。但有些情况下，产生引燃的界限还要小，有的标准规定约5kV。防止人体遭受静电非导体电击的带电电位约10kV以下。

静电对人体的影响：若人体静电超过2~3kV，当人接触接地金属时则会产生静电电击，若静电电压很高，则会对人体心理和生理造成一定的影响。

接地是防静电中最基本的措施，主要是将设备或管道等金属导体与大地进行电气上的连接，使金属导体上的静电泄入大地，与大地接近同电位。

下列场所或情况应做静电接地：凡爆炸、火灾危险场所内可能产生静电危险的设备和管道。

静电接地注意事项：①连接的支、干线与接地体等处，应采用螺栓紧固法相连接；②在设备或管道的金属体的一定位置上设有专用的接地连接端板，在"端板"与接地支线之间，加挠性跨线用螺栓紧固法连接；③设备、管道用金属法兰连接时，其接触电阻不大于10Ω，可以认为接触面之间有足够的静电导通性，在一般情况下，可不另装跨接线；④每年应对各固定设备接地电阻进行1次测量，并建立测量数据档案，如果被测设备电阻值不符合规定，立即检修。

设备、管道上静电接地连接点位置的选择：不受外力伤害；便于检查维修；便于与接地干线相连；不妨碍操作。

为防止人体静电危害，应注意在爆炸危险场所不穿易产生静电的服装和鞋靴。

62 什么是电流伤害事故？

电流伤害事故即触电事故，说得准确一些，应是人体触及电流所发生的事故。在高压触电事故中，往往不是人体触及带电体，而是接近带电体至一定程度时，期间击穿放电造成的。电流通过人体内部的触电叫电击；电流的热效应和机械效应对人体的局部伤害叫电伤。电伤也属于触电事故，但与电击比较起来，严重程度要低一些。

为了避免电流伤害事故的发生，操作人员必须加强电气设备安全技术知识的普及，自觉地按章办事。在危险高压区应设置醒目的安全警告标志，严格执行总公司人身安全十大禁令的有关规定。表7-1列出了电流强度大小对人体的影响。

表 7-1 电流强度大小对人体的影响

电流强度 /mA	对人体的影响	
	交流电(50Hz)	直流电
0.6~1.5	开始有感觉,手指麻刺	无感觉
2~3	手指强烈麻刺、颤抖	无感觉
5~7	手部痉挛	热感
8~10	手指剧痛,勉强可以摆脱电源	热感增多
20~25	手迅速麻痹,不能自立,呼吸困难	手部轻微痉挛
50~80	呼吸麻痹,心室开始颤抖	手部痉挛,呼吸困难

63 触电急救的要点有哪些？安全电压的临时灯有几种？使用范围是什么？

触电急救的要点是迅速使触电者离开电源，然后根据触电者的具体情况，进行相应的救治。安全电压的临时灯有三种：12V、

24V、36V。12V 用于潮湿或设备容器特别危险的工作场所，24V 和 36V 是手提式的，一般用于临时用的安全灯。

64 **可燃气体监视仪的安装位置有何要求？**

装置生产和使用甲类气体、液化烃、甲 B、乙 A 类液体，属防爆区域 2 区内，应设置可燃气体检测报警仪。

检测器的有效覆盖水平平面半径，室内宜为 7.5m，室外宜为 15m。在有效覆盖面积内一般设一台检测器，且宜采用固定式；不具备条件时，应配置便携式可燃气体检测报警仪。

65 **乙烯装置的安全联锁系统的检测部分的注意事项有哪些？**

(1) 尽可能减少中间环节。在满足精度要求下，优先采用开关接点信号进入安全联锁系统的逻辑运算部分。选择压力、差压或温度开关时，应使其给定值在测量范围分为三等份的中间的 1/3 范围，这样仪表有较好的灵敏度及寿命。

(2) 独立设置原则。重要的联锁信号，其检测部分应与监控分开，包括测量管道及一次阀。当然，逻辑运算更应与执行控制功能的部件分开。

(3) 重要的参数采用三取二表决式。有三个测量信号进入逻辑判断单元，最终输出与三个信号中两个一致的信号作为此参数的输出信号。这样既能满足操作稳定的要求，又能保证安全。

66 **紧急泄压选用 0.7MPa/min、2.1MPa/min 的原则是什么？是否装置的总压不同也随之有所变化？放火炬的泄压管如何选择？**

0.7MPa/min、2.1MPa/min 都是工业装置泄压通常采用的标准，是经验值，10MPa 压力以上联合油均选用这个标准，不随总压而变化。0.7MPa/min 是为了很快地将装置压力泄掉的安全保护设施，若采用 0.5MPa/min 或 1.0MPa/min 也不能说就不行。

2.1MPa/min 是当反应床层发生严重超温时采用的保护设施，紧急泄压系统最快速泄压通常限制在泄压的第一分钟泄压约 2.0MPa。第一分钟泄压速度不能＞2.1MPa，泄压速度过快，整个高压系统的压差突然增大，对设备特别是由于对反应床层施加的压力很大，故对反应器内部结构支架等有损伤。还应指出，在设计内部结构支架时，要把催化剂和固体沉积物的重量，以及启动 2.1MPa/min 时对床层施加的压力一并计入。放火炬去的泄压管线设计是由工程承包公司专门人员承担的。

67 什么是安全阀？常用的安全阀有几种？

为了保证安全生产，要求某些阀门在介质压力超过规定数值时，能自动打开排泄介质，防止设备或管路破坏；压力正常后又能自动闭合，具有这种作用的阀门叫安全阀，最常见的有弹簧式安全阀，还有脉冲式安全阀和杠杆式（即重锤式）安全阀。

弹簧式安全阀的作用原理是：弹簧力与介质作用与阀芯的正常压力相平衡，使密封面密合；当介质压力过高时，弹簧受到压缩，使阀瓣离开阀座，介质从中泄出；当压力回到正常时，弹簧又将阀瓣推向阀座，密封面重新密合。

杠杆式安全阀是一种古老的阀门，它依靠杠杆和重锤来平衡阀芯的压力。通过重锤在杠杆上的移动，调整压力大小。这种阀较弹簧式安全阀笨重而迟钝，但因无弹簧，不怕介质热影响。目前多用于某些压力较低的小型锅炉上。

脉冲式安全阀是一个大的安全阀（主阀）与一个小安全阀（辅阀）配合动作，通过辅阀的脉冲作用带动主阀的启闭。大的安全阀较迟钝，小的较灵敏，将通过主阀的介质与辅阀连通，压力过高时，辅阀启开，介质从旁路进入主阀下面的一个活塞，推动活塞将主阀打开，压力回降时，辅阀关闭，主阀活塞下的介质压力降低，主阀芯也跟着下降密合。这种安全阀结构复杂，只有在通径很大的情况下才采用。

安全阀按阀芯开启高度与阀座通经之比，划分为微启型和全启型两种。

全启型安全阀盘升启高度大于喷嘴直径的 1/4，泄放量大，适用于气体和液体介质。微启型安全阀盘升启高度为喷嘴直径的 1/40～1/4，泄放量小，适用于液体介质。

按结构安全阀可划分为四种：①封闭式和不封闭式，封闭式用于易燃、易爆或有毒介质；②带扳手和不带扳手，扳手用于检查阀盘灵活程度；③带散热片和不带散热片，带散热片的用于介质温度大于300℃；④有风箱和没有风箱，有风箱的属于平衡型安全阀，用于介质腐蚀性较严重或背压波动较大的情况。

安全阀在使用中有应按下面规定执行：①经校验合格的安全阀必须加铅封。②容器或管道与安全阀之间有阀门时，阀门必须全开加铅封。③安全阀定压值最大不得超过容器设计压力。④运行中起跳的安全阀，必须分析其起跳原因，必要时应重新定压。⑤安全阀上的铭牌，定压牌不得擅自取下，安全阀上应有安装位置的标记号，安装时必须对号，不得错用。⑥安全阀必须一年一校。

68 试分析事故发生的主要原因有哪些？

发生事故的原因是多方面的，除自然灾害外，主要有以下几种原因。

（1）设计上的不足：如厂址选择不好，平面布置不合理，安全距离不符合要求，生产工艺不成熟，从而给生产带来难以克服的先天性的隐患。

（2）设备上的缺陷：如设计上考虑不周，材质选择不当，制造安装质量低劣，缺乏维护及更新。

（3）操作上的错误：如违反操作规程，操作错误，不遵守安全规章制度。

（4）管理上的漏洞：如制度不健全，人事管理上不足，工人缺乏培训和教育。

（5）领导指挥不当。

（6）不遵守劳动纪律，工作不负责任，缺乏主人翁感等。

69 装置里发生人员硫化氢中毒处理程序是什么？

（1）班长接到告知，马上指挥人员佩戴好空气呼吸器进行"双人救护"，并安排作紧急停工，立即向主任及有关方面报告。

（2）两人员佩戴好空气呼吸器迅速将中毒者救离现场，移到空气新鲜、流通的上风地方进行现场救护。

（3）将中毒者上衣钮、紧身衣物和裤带松开，清除口中污垢。

（4）用仰头抬颈法打开气道并保持呼吸道畅通。

（5）因中毒者呼吸、心跳已经停止，要争分夺秒对中毒伤员进行"心肺复苏术"（注意按压位置准确，用力稳健有力、均匀，避免用力过猛导致骨折），直到移交给医务人员（"心肺复苏胸外压"：频率 80 次/分；压深 $4\sim 5cm$，现场抢救必须在 5min 内完成）。

（6）其他人员同时打电话向职工医院或消防气防中心求助。

（7）同时派人至路口为救护车引路。

70 在易燃易爆的生产设备上动火检修，应遵守哪些安全要求？

（1）切断与生产设备相连通部分，关闭阀门，加上盲板，做好隔离防火措施。

（2）用惰性气体进行置换，分析易燃易爆气体含量小于 0.5%，氧含量＜0.5%，用空气置换惰性气体 20%＜氧含量 ＜22%，以动火前 30min 分析数据为准。如果要进入容器内动火，有毒气体应符合卫生浓度，氧含量大于 20%，小于 22%。

（3）经有关主管领导人签字批准，超过批准动火时间，必须重新进行取样分析，合格和批准后方可再次动火。

71 影响燃料性能的主要因素有哪些？

（1）燃点：燃点越低，火灾危险性越大。

（2）自燃点：自燃点越低，火灾危险性越大。

（3）闪点：闪点越低，火灾危险性越大。

（4）挥发性：相对密度越小，沸点越低，其蒸发速度越快，火灾危险性越大。

（5）可燃气体的燃烧速度：单位时间内被燃烧掉的质量或体积量度，燃烧速度越快，引起火灾危险性越大。

（6）自燃：自热燃烧，堆放越多，越易引起燃烧。

（7）诱导期：在自引着火前所延滞的时间称为诱导期，时间越短，火灾危险性越大。

（8）最小引燃量：所需引燃量越小，引起火灾危险性越大。

72 引起火灾的主要原因有哪些？

引起火灾的主要原因归纳有以下几方面。

（1）对防火工作重要性缺乏认识，思想麻痹，是发生火灾事故的主要思想根源。

（2）对生产工艺，设备防火管理不善是导致发生火灾事故的重要原因。

（3）设计不完善，为防火工作留下隐患，成为火灾事故的根源。

（4）对明火、火源、易燃易爆物质控制不严，管理不善，是引起火灾事故的直接原因。

（5）防火责任制贯彻不落实，消防组织不健全，不能坚持防火检查，消防器材管理不善及供应不足是导致火灾漫延扩大的重要原因。

73 静电引燃的条件是什么？

静电电荷要成为引燃的火源，必须充分满足下述四个条件：

（1）必须有静电电荷的产生；

（2）必须有足以产生火花的静电电荷的积聚；

（3）必须有合适的火花间隙，使积聚的电荷以引燃的火花形式放电；

（4）在火花间隙中必须有可燃性液体的蒸汽-空气的混合物。

74 气体的燃烧速度以什么来衡量？它与哪些因素有关？

气体的燃烧速度以火焰传播速度来衡量。影响气体燃烧速度的因素有：

（1）物质成分不同有差异；

（2）简单气体比复杂的燃烧速度要快；

（3）管子的直径大小。

75 压力容器常见的破坏形式和特征有哪些？怎样判断这些破坏事故的原因？

压力容器常见的破坏形式共五种。

(1) **塑性破坏** 容器因压力过高，超过材料强度极限，发生了较大的塑性变形而破裂，叫塑性破坏。其特征是：①产生较大的塑性变形，对圆筒形的容器，破裂后一般呈两头小、中间大的纺梭裂状，容积变形率（或叫增大率）可达 10%～20%；②断口呈撕裂状，多与轴向平行，一般呈暗灰色的纤维状，断口不齐平，与主应力方向成 45°，将断口拼合时，沿断口间有间隙；③破裂时一般不产生碎片或只有少量碎片；④爆破口的大小随容器的膨胀能量而定，膨胀能量大（如气体特别是液化气），裂口也大。

发生塑性破坏事故的主要原因是：①过量充装，超压运行；②磨损、腐蚀使壁厚减薄；③温度过高或受热。

(2) **脆性破坏** 容器承受较低的压力且无较大的变形，但由于有裂纹等原因而突然发生破裂，这种破坏与生铁、陶瓷等脆性材料的破坏相似，叫脆性破坏或低应力破坏。其特征是：①没有或只有很小的塑性变化，如将碎片拼合，其周长和容积与爆破前无明显差别；②破坏时常裂成碎片；③断口齐平，断面有晶粒状的光亮，常出现人字形纹路，其尖端指向始裂点。而始裂点往往是有缺陷处或形状突变处；④大多发生在较低温度部位；⑤破坏在一瞬间发生，断裂的速度极快。

发生脆性破坏事故的主要原因是：①材料在低温下其韧性会下降，因而发生所谓"冷脆"，即低温脆裂；②焊接或裂纹会使应力高度集中，使材料塑性下降而引起脆裂；③其他如加载速率过大，外力冲击和震动，钢材中含磷、硫量过高。

(3) **疲劳破坏** 疲劳破坏是金属材料在反复的交变载荷（如频繁的开停车运行中压力温度大幅度变化等）作用下，在较低的应力状态下，没有经过明显塑性变形而突然发生的破坏。通过试验发现，当材料受到交变应力大于一定数值，并且交变次数达到一定值后，就会在有缺陷或应力集中的地方出现裂缝。这种由于交变应力而出现裂缝的现象，叫作材料的疲劳。当裂缝逐渐扩大，到一定时候就突然破坏，即疲劳破坏。其特征是：①破坏时的应力一般低于材料的抗拉强度极限；②最易发生在接管处；③断口有两个明显区域，一个呈贝状花纹，光亮得如细瓷断口，叫做疲劳裂纹扩展区；另一个是最后断裂区，一般和脆性断口相同；④一般使容器开裂，泄漏失效，而不会飞出碎片。

发生疲劳破坏的主要原因：①频繁地反复加压和卸压；②操作压力波动幅度较大，常超出设计压力的 20% 以上；③容器的使用温度发生周期性变化，或由于结构、安装等原因，在正常的温度变化中，容器或其部件不能自由地膨胀或收缩。

（4）蠕性破坏 容器材料在高于一定的温度下（如碳钢工作温度超过 $300\sim350℃$，低合金钢温度超过 $350\sim400℃$），受到应力作用，即使应力较小，也会因时间增长而缓慢地产生塑性变形，使截面变小，而发生破坏，此种破坏叫蠕变破坏（一般来说，如果材料的使用温度小于它的熔化温度的 $25\%\sim35\%$，则可以不考虑它的蠕变）。其特征是：①破坏时具有明显的塑性变形；②破坏后，对材料进行金相分析，可发现金相组织有明显变化（如晶粒长大，钢中碳化物分解为石墨，出现蠕变的晶间裂纹等）。

发生蠕变破坏的主要原因是设计时选材不当或运行中局部过热。

（5）腐蚀破坏 腐蚀破坏指金属表面在周围介质的作用下，由于化学（或电化学）作用的结果产生的破坏。腐蚀破坏产生的方式大致可分为四种类型：均匀腐蚀、局部腐蚀、晶间腐蚀和断裂腐蚀。影响腐蚀速度的因素很多，如溶液的酸碱性、氧气、二氧化碳、水分含量、温度、介质流速、金属加工状况、材料表面光洁度、热负荷等。由于腐蚀类型不同，造成破坏的特征各异，一般是：①均匀腐蚀破坏使壁厚减薄，导致强度不够而发生塑性破坏；②局部腐蚀会使容器穿孔或造成腐蚀处应力集中，在交变载荷下，成为疲劳破坏的始裂处；也有因腐蚀造成强度不足而发生塑性破坏；③晶间腐蚀与断裂腐蚀属低压破坏，晶间腐蚀会使材料强度降低，金属材料失去原有金属响声，可凭经验发现；④腐蚀破坏和介质物化性质、应力状态、工作条件等有关，需根据具体情况，具体分析。在各种腐蚀中，以晶间腐蚀和断裂腐蚀最危险，因为它不易引起金属表面的变化，同时主要是应力腐蚀所造成的，不易察觉。

76 从安全方面考虑，为什么多采用 DMDS 作硫化剂？

通常含硫量较高的有机硫化物都可以作为硫化剂，如硫化氢（H_2S）、二硫化碳（CS_2）、甲基硫醇、乙基硫醇、二甲基硫（DMS）、二乙基硫（DES）和二甲基二硫（DMDS）等。

（1）从安全考虑，DMDS 在安全操作方面是最佳的硫化物。与上述各种硫化剂比较，DMDS 具有最高沸点、闪点和自燃点。DMDS 是有特殊醚味的无色液体，在水中溶解度为 2%，容易燃烧，燃烧极限为 2.2%～19.7%，自燃温度为 339℃。DMDS 有轻度毒性，对皮肤刺激不大，但可以使眼睛产生刺激性疼痛，误吞咽了 DMDS 则应喝大量水并催吐，接触此物时应戴好橡皮手套和护目镜。

值得指出的是，DMDS 沸点高，蒸气压较低，因而具有许多实际的好处。二甲基硫通常亦被认为是安全的硫化剂，但它的沸点低，蒸气压高，在空气中的浓度过大，抵消了它的优点。此外，人体吸收 DMDS 危险性也比二甲基硫低。H_2S 和甲基硫醇是有毒的化学品；二硫化碳是高危险性化学品，易燃。

（2）DMDS 的另一个优点是分解温度低，且分解后只产生少量不饱和烃，不会造成积炭。而乙基硫醇、二乙基硫和长碳链含硫化合物则会产生积炭。

DMDS 是淡黄色液体，有难闻臭味，无腐蚀性，可存放在碳钢容器中；但和所有有机硫化物一样，应该避免与铜和铜合金接触。

DMDS 是一种强溶剂，可溶碳氢化合物，并能溶解或导致树脂及塑料的溶胀，因此只能与聚四氟乙烯或聚二氟乙烯或氟橡胶制品接触。

操作中应按可燃物及化学品的规则，戴口罩、手套及防护镜；排放时不可放入小水道或空气中；如果从容器中溢出须用氧化剂中和，通常 1mol DMDS 可用 20mol 次氯酸钠中和。

77 为什么说液化石油气的破坏性强？

液化石油气的爆炸速度为 2000～3000m/s，火焰温度达

2000℃，闪点在 0℃ 以下，最小引燃能量都在 0.2～0.8MJ。在标准情况下，1m³ 石油气安全燃烧，发热量高达 104500kJ，由于燃烧值大，爆炸速度快，瞬间就会完成化学性爆炸，所以爆炸的威力大，其破坏性也就很强。

78 **为什么说液化石油气具有冻伤危险？**

液化石油气是加压液化的石油气体，贮存于罐或钢瓶中，在使用时，又由液态减压汽化为气态，一旦设备、容器、管线破漏或瓶阀崩开，大量液化气喷出，由液态急剧减压变为气态，大量吸热，结霜冻冰，如果喷到人身上，就会造成冻伤。

79 **氢气燃烧的特点是什么？**

（1）燃烧速度快，氢气爆炸速度与氢气浓度的关系近似高斯曲线，其定向最大传播速度（也称氢焰速度）$V_{max} = 167.7\text{m/s}$；出现最大氢焰速度时的浓度值 $D_{max} = 33.5\%$。氢气在管道内的火焰速度受点火位置影响，在管道内设置阻火器的开口管道进行的火焰速度试验表明，当距阻火器的管道点火点达到 1.5m 点火距离后即发生爆轰，其在管道内的火焰速度可达到 2133m/s。闭口一端的点火的火焰速度大于开口一端点火的火焰速度，是同样条件下丙烷和空气混合气体火焰速度的 20～30 倍。

（2）燃烧温度高，燃烧时发出青色火焰并产生爆鸣。燃烧温度可达 2000℃。氢氧混合燃烧的火焰温度为 2100～2500℃。

（3）熄灭直径小，仅为 0.3m，最小点火能为 0.019MJ。

（4）爆炸范围宽，其爆炸的上下限范围为 4.1%～74.2%。

（5）爆炸威力大，最大爆炸压力为 0.74MPa。

第二节　乙烯生产的环保知识

1 **分析污水的 COD、BOD 有何意义？**

污水的 COD 和 BOD 高，说明水中有机物和可氧化的无机物含量高，由于耗氧量大，排入河水中，会影响河水中氧的平衡，破坏河中生物的正常生长。

2 **何为污染源？何为污染物？**

污染源是指向环境排放有害物质或对环境产生有害影响的场所、设备和装置。

进入环境后，使环境的组成和性质发生变化，并对人类和生物有害的物质称污染物。

3 **水污染及其危害是什么？**

水污染指排入水中的污染物质超过水的自净能力，使水质受到损害，以致对于水的应用产生了不利的或者不合格的影响。其危害有：

（1）加剧水荒；

（2）威胁人民身体健康；

（3）危害水质生态系统，破坏水产资源；

（4）对农业生产产生不利影响；

（5）对工业生产产生不利影响；

（6）对旅游事业也造成经济上损失等。

4 **一氧化碳对人体有何危害？**

一氧化碳是无色无味的气体。不纯气体中含有金属的气味和味道，剧毒。在空气中的爆炸下限 12.5％，上限 74.2％。一氧化碳经肺进入人体血液后，很快与血红蛋白结合生成碳氧血红蛋白，使血液失去携氧作用，造成组织缺氧中毒。中毒会出现头痛、昏迷、恶心、呕吐、耳鸣、出汗、全身疼痛、昏迷不醒等症状，严重者将导致永久性的损伤或死亡。

5 **国家考核企业哪十种污染物？**

（1）废气：①SO_2；②烟尘。

（2）废水：①化学耗氧量；②氰化物；③酚；④油；⑤汞；⑥铬。

（3）废渣：①冶炼废渣；②化工废渣。

6 乙烯、丙烯对人体有何危害？

乙烯、丙烯在常温常压下都是无色、易燃、易爆气体。乙烯沸点−104℃，丙烯沸点−48℃。乙烯爆炸极限2.75%～34%，丙烯爆炸极限2.0%～12.1%。乙烯、丙烯对人体的危害主要是有窒息作用，高浓度下有麻醉作用，当吸入浓度为25%～45%时，人有痛觉消失现象，但意识清醒。当吸入浓度40%超过以上时，呼吸频率加快，肌肉运动失调，当吸入浓度为80%～90%与氧的混合物时，迅速麻醉，乙烯浓度低于爆炸下限时，对人体没有毒害。丙烯在空气中麻醉剂量为20%～40%，致死剂量为55%～65%，其浓度在2%以下时可使用红族-3型防毒面具，防刺激味。在高浓度下使用长管式防毒面具或氧气呼吸器。

7 二硫化碳对人体有何危害？

二硫化碳是优良的无机溶剂，有较强的腐蚀性，有极难闻的坏萝卜味。其蒸气比空气重1.6倍，易燃，易爆。二硫化碳主要经呼吸道进入人体，皮肤和肠胃道少量吸收。短时间接触高浓度的二硫化碳蒸气（在空气中浓度大于$1000mg/m^3$），引起急性中毒，轻者类似醉酒，出现头疼、眩晕，步态蹒跚及精神失常等症状。严重者先强烈兴奋，继而出现意识丧失，瞳孔反应消失，甚至死亡。长期接触低浓度二硫化碳可引起慢性中毒，主要导致神经系统各部分的严重器质性疾病。有的还引起脑血管栓塞，以动脉硬化为特征。液态二硫化碳对皮肤有刺激作用，接触后导致烧灼、麻木，甚至出现水疱，空气中二硫化碳最高允许浓度为$10mg/m^3$。

8 硫化氢对人体有何危害，如何防护？

硫化氢是无色、可燃带有臭鸡蛋味的难闻气体，并具有麻痹嗅觉的特性。在空气中能够燃烧，爆炸上限4.3%，下限46.0%，点燃温度260℃，被加热时发生分解，生成剧毒的烟幕和硫有氧化物。能与氧化物发生剧烈的反应。剧毒，在短时间内暴露于少量硫化氢中会导致人体死亡或对躯体产生永久的伤害。在硫化氢$500×10^{-6}$的空气中停留30min就会出现头痛，昏迷、脚步摇晃，尿痛，有时随后会发生支气管炎或肺炎。停留在（800～1000）×10^{-6}硫化氢的空气中，30min后便会死亡。

急救措施：①救护者进入硫化氢气体泄露区抢救中毒人员必须佩戴空气呼吸器防毒面具；②迅速把中毒人员移到空气新鲜处的地方，对呼吸困难者应立即进行人工呼吸，同时向医院的打急救电话，并报告调度，待医生赶到后，协助抢救；③眼睛：使眼睛张开，用生理盐水或1%～3%的碳酸氢钠液冲洗患眼。

9　甲醇对人体有何危害，如何防护？

甲醇是无色可燃液体。甲醇被吸入或吸收后会损害中枢神经系统，特别是视觉神经。它会使肾脏、心脏和其他功能器官功能衰退。中毒症状可能拖延9～36h后发生，直到突然开始虚脱、头痛、恶心、呕吐、腹痛、视力模糊，甚至昏迷，长时间昏迷后会由于窒息而死。长期暴露于甲醇中的工作人员应戴化学护目镜，穿防护服，以保护面部、眼睛和皮肤。

10　乙烯装置主要污染源是什么？

（1）废水。包括含硫污水、含酚污水、清焦废水及稀释蒸汽排污水。

（2）噪声。包括炉区、压缩机、机泵及其他设备产生的噪声。

（3）废气。包括火炬排出的废气，设备泄漏产生的废气及取样时的置换气等。

11　什么是职业病和职业中毒？急性中毒的特点是什么？乙烯装置都有哪些毒物，应如何防范？

职工在生产环境中，由于职业性毒害引起的疾病的总称，叫职业病。

在生产过程中，因工业毒物进入人体后，引起身体某些器官或某些系统的暂时性或永久性的疾病称为职业中毒。

急性中毒的特点是：病情发生急剧，症状严重，变化迅速，如抢救措施不当，死亡率高。

装置内主要产生有毒有害物质有：硫化氢（H_2S），二硫化碳

（CS_2），氨（NH_3），羰基镍（$NiCO$）。

为防止毒物刺激或中毒，在从事有毒有害气体、液体作业时应做到：

（1）根据工作情况选择戴好合适的防毒面具；

（2）站在上风向操作；

（3）必须有人监护。一旦发生中毒、窒息事故时发现者应立即呼救，并尽快使患者脱离现场，参加现场抢救的同志应佩戴好适用的防毒面具。

12 氨气对人体有何危害，如何防护？

氨（NH_3）是无色有强烈刺激性的气体，相对分子质量17.03，对空气的相对密度0.5971，熔点$-77.7℃$，沸点$-33.6℃$。它极易溶于水而形成氨水（水和氨）。

氨气在空气中最高允许浓度为$30mg/m^3$，氨气的中毒性危害表现为：在轻度中毒时，对眼及上呼吸道黏膜有刺激作用，患者眼及口有辛辣感、流泪、流涕、咳嗽、声嘶、吞咽困难、胸闷、气急。重度中毒，一般是吸入高浓度氨气所致，可引起肺充血、烧伤，甚至角膜浑浊引起失明。少数患者可因反射性喉头痉挛或呼吸停止，而"闪电式"中毒死亡。

预防措施：

（1）对贮存氨水的贮罐和使用氨水的管线设备要定期检修，严防跑、冒、滴、漏。

（2）对含氨废水及废气，要净化处理，不得任意排放，防止污染劳动场所及周围环境。

（3）加强安全教育，建立健全安全操作制度。

13 惰性气体的特性和毒害原因是什么？

这里讲到的惰性气体是指通常碰到的氮气和二氧化碳。

特性：氮气为无色无臭而又难溶于水的气体，与空气的相对密度0.97，比空气略轻，不助燃、不易燃、不导电，化学性质稳定。

二氧化碳为无色无臭可溶于水的气体，与空气的相对密度1.53，比空气重得多，可以像倒水一样从这里倒到那里而不跑掉。不助燃、不易燃、不导电，化学性质稳定。

氮气、二氧化碳本身并无毒性，当人进入惰性气体浓度很高的设备里时，由于缺氧使人很快就窒息，产生所谓中毒。

14 预防惰性气体中毒的措施有哪些？

(1) 停工检修，凡是用惰性气体置换过的设备应当设法再用空气置换几次，使氧含量不低于 20%。

(2) 需要进行检修的设备，事先应将上下人孔（法兰、阀门）打开，构成气体对流条件，保持自然通风良好。

(3) 自然通风不良的设备，进入工作前应用胶皮带向里面吹压缩空气，或戴长管防毒面具进入。

(4) 进入容器设备要身系安全带和绳，外面有人监护，并规定好联络信号，隔几分钟联络一次，以防意外。

15 遇到惰性气体中毒如何急救？

(1) 接到不正常信号或联络不通，监护人员要设法迅速将工作者从设备里救出，移至空气新鲜的地方。

(2) 如挽救有困难，应立即报告求援，严禁未采取安全措施情况下进去抢救。

(3) 若发生窒息，要立即进行人工呼吸，并向医院打急救电话，报告调度。

16 接触硫化氢作业的安全规定有哪些？

接触硫化氢作业的安全规定如下。

① 在含有硫化氢的油罐、粗汽油罐、轻质污油罐及含酸性气、瓦斯介质的设备上作业时，必须随身佩戴好适用的防毒救护器材。作业时应有两人同时到现场，并站在上风向，必须坚持一人作业，一人监护。在上述油罐及设备更换阀门、垫片、拆装盲板、清扫阻火器、维修仪表及抢修、堵漏等施工作业必须办理《接触硫化氢施工作业许可证》。

② 凡进入含有硫化氢介质的设备、容器内作业时，必须按规

定切断一切物料，彻底冲洗、吹扫、置换，加好盲板，经取样分析合格，落实好安全措施，并办理《一级进入设备作业票》和《接触硫化氢施工作业许可证》。在有人监护的情况下进行作业。

⑰ 常用的防毒面具的种类有哪些？应用范围和注意事项是什么？

常用的防毒面具的种类：滤毒罐式防毒面具、长管式防毒面具、空气呼吸器。

（1）滤毒罐式防毒面具适用于毒气浓度低，氧含量与大气中氧量相近的环境。

注意事项：①呼吸所需的氧气是靠环境提供的，使用环境的氧含量必须达到保障人正常呼吸的浓度（氧含量20%以上），否则，使用者就会因缺氧而窒息。②由于滤毒罐内的活性炭吸附能力有限，要求环境中有毒介质的浓度不能太高（硫化氢浓度<1%），如果浓度过高，未被吸附或转化的有毒气体就会侵入人体的呼吸器官而中毒，当嗅到有异味时，应立即更换滤毒罐或离开有毒气体作业现场。③防毒用品应放置在防毒用品专用柜里，放置在便于取用、无日光直接照射、温度适宜、不受尘埃和腐蚀性物质污染的地方。备用滤毒罐上下盖应盖严密。建立滤毒罐使用登记制度，对多次使用、累计时间长或有异味的滤毒罐及时更换，保持滤毒罐处于备用状态。

滤毒罐使用后，罐内滤毒剂吸附毒气的状况逐渐由底部上升，越下层越浓，到达滤毒剂顶端时，滤毒罐便失效。从开始使用到失效止中间时间即有效防护时间。判断是否失效方法：①靠主观嗅觉：发现异样嗅觉时，即为失效。但对剧毒或无气味的毒气则不能用此法。②用称重量法：滤毒罐由吸入湿气和有毒物，罐重增加，超过重量的即为失效。③摇晃滤毒罐，听是否有声音。有则为松剂失效。

（2）自然供风长管式防毒面具适用于常压的设备内作业范围；压力供风长管式防毒面具适用于任何场合和环境。

注意事项：长管式防毒面具的入口管应放置在上风向空气新鲜的地方，长管不适宜过长，要在监护人员的监视范围内，把管子拉直，防止打结、挤压而影响供氧。

判别长管式面罩是否好用方法：使用者戴好面具后，用手堵住进气口，同时用力吸气，若感到闭塞不透气时，说明面具基本是气密的，否则，应用手捏法逐段检查罩体、呼气阀门、导气管是否漏气。

（3）空气呼吸器适用于任何场合和环境。

注意事项：①使用呼吸器前要检查呼吸器的面罩、气源导管、气瓶及背架，确认完好才可使用；②佩戴呼吸器后做深呼吸试验，扣紧头上紧固胶带，确认不漏气，并查看压力表，空气压力不低于额定压力的 80%（压力不少于 24MPa）；③报警笛好用；④佩戴空气呼吸器进入作业区作业，当呼吸器内气体压力小于 4.0MPa 时，呼吸器会发出警报，此时必须迅速撤离作业区。

18 噪声对人体危害是什么？国家规定工业企业厂区各类地点噪声分别是多少？

噪声对人体危害是多方面的主要有如下几点：

（1）噪声影响正常生活；

（2）噪声对人体听觉有损伤；

（3）噪声会引起多种疾病；

（4）噪声降低工人的劳动效率；

（5）给生产活动和社会经济造成损失。

工业企业噪声卫生标准允许噪声（dB）最高不能超过 115dB。《工业企业噪声控制设计规范》GBJ—85 中规定工业企业厂区各类地点噪声分别是：

生产车间及作业场所（工人每天连续接触噪声 8h）为 90dB(A)；

高噪声车间设置的值班室、观察室、休息室（室内背景噪声级）无电话通讯要求时为 75dB(A)，有电话通信要求时为 70dB(A)；

车间所属办公室、实验室、设计室（室内背景噪声级）为 70dB(A)；

主控制室、集中控制室、通讯室、电话总机室、消防值班室（室内背景噪声级）为 60dB(A)。

19 噪声控制的基本途径有哪些?

（1）降低声源噪声：改造生产工艺和选用低噪声设备；提高机械加工及装配精度，减少机械振动和摩擦产生的噪声；对高压、高速气流要降低压差和流速或改变气流喷嘴形状。

（2）在传播途径上控制：在总体布局上合理设计，将主要噪声源远离安静的车间，试验室和办公室；利用屏障阻止噪声传播；利用声源的指向性特点来控制噪声，将各排汽放空口指向天空及旷野。

（3）对接受者进行防护：对工人进行个人防护，如配带耳塞、耳罩、头盔等用品；采取工人轮换作业，缩短工人进入高噪声环境的工作时间。

20 乙烯装置设计中如何防止噪声?

装置内的噪声源主要有：压缩机及其相应的驱动机、机泵、空冷器及加热炉等。相应采取以下措施降低噪声。

（1）机泵尽量选用噪声低的电机。空冷器选用噪声低的风机，使噪声控制在 85dB 以下。

（2）加热炉的喷嘴及风道部分采用保温隔声材料。

（3）压缩机的厂房设计中，考虑设置隔音值班亭降低噪声。

（4）进料泵、压缩机配用的大型电机均加消音罩。

（5）凡易产生噪声的各排放点均设置消音器。

参 考 文 献

［1］ 王松汉，何细藕主编. 乙烯工艺与技术. 北京：中国石化出版社，2001.

［2］ 陈滨. 乙烯工学. 北京：化学工业出版社，1997.

［3］ 中国石油化工集团公司职业技能鉴定指导中心. 乙烯装置操作工. 北京：中国石化出版社，2006.

［4］ 王松汉. 乙烯装置技术与运行. 北京：中国石化出版社，2009.